普通高等教育风景园林专业系列教材

居住小区环境景观设计

第 2 版

主　编　刘　骏

副主编　徐海顺　陈　宇　张　琪

主　审　杜春兰

重庆大学出版社

内 容 提 要

　　本书是普通高等教育风景园林专业系列教材之一,系统介绍了居住小区环境景观设计的内容、原则、方法程序,以及新的设计手法、风格、材料和工艺等。在系统介绍理论知识的同时辅以大量实例分析,介绍了多种灵活的新结构模式及基于这些模式的景观设计。本书在编写上注重图文并茂、简练直观、深入浅出,使内容便于理解掌握;内容上理论结合实践、注重创新与时效,充分关注近几年居住小区规划的实际情况,旨在培养学生关注实际问题与解决问题的能力。

　　本书可供高等学校风景园林、城市规划、建筑学及相关专业教学使用,也可供园林绿化工作者和园林爱好者阅读参考。

图书在版编目(CIP)数据

居住小区环境景观设计/刘骏主编. -- 2 版. -- 重庆:重庆大学出版社,2023.10
普通高等教育风景园林专业系列教材
ISBN 978-7-5689-4217-1

Ⅰ.①居… Ⅱ.①刘… Ⅲ.①居住区—景观设计—高等学校—教材 Ⅳ.①TU984.12

中国国家版本馆 CIP 数据核字(2023)第 230780 号

普通高等教育风景园林专业系列教材
居住小区环境景观设计
JUZHU XIAOQU HUANJING JINGGUAN SHEJI
(第 2 版)
主　编　刘　骏
副主编　徐海顺　陈　宇　张　琪
主　审　杜春兰
责任编辑:张　婷　　版式设计:张　婷
责任校对:王　倩　　责任印制:赵　晟
*
重庆大学出版社出版发行
出版人:陈晓阳
社址:重庆市沙坪坝区大学城西路 21 号
邮编:401331
电话:(023)88617190　88617185(中小学)
传真:(023)88617186　88617166
网址:http://www.cqup.com.cn
邮箱:fxk@cqup.com.cn(营销中心)
全国新华书店经销
重庆长虹印务有限公司印刷
*
开本:787mm×1092mm　1/16　印张:14　字数:369 千
2014 年 6 月第 1 版　　2023 年 10 月第 2 版　　2023 年 10 月第 6 次印刷
印数:10 001—13 000
ISBN 978-7-5689-4217-1　定价:65.00 元

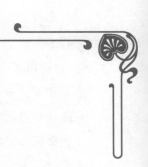

总　序

　　风景园林学,这门古老而又常新的学科,正以崭新的姿态迎接未来。

　　"风景园林学"(Landscape Architecture)是规划、设计、保护、建设和管理户外自然和人工环境的学科。其核心内容是户外空间营造,根本使命是协调人与自然之间的环境关系。回顾已经走过的历史,风景园林已持续存在数千年,从史前文明时期的"筑土为坛""列石为阵"到21世纪的绿色基础设施、景观都市主义和低碳节约型园林,它们都有一个共同的特点,就是与人们对生存环境的质量追求息息相关。无论东西方都遵循着一个共同规律,当社会经济高速发展之时,就是风景园林大展宏图之日。

　　今天,随着城市化进程的飞速发展,人们对生存环境的要求也越来越高,不仅注重建筑本身,而且更加关注户外空间的营造。休闲意识的增强和休闲时代的来临,使风景名胜区和旅游度假区保护与开发的矛盾日益加大,滨水地区的开发随着城市形象的提档升级受到越来越多的关注,代表城市需求和城市形象的广场、公园、步行街等城市公共开放空间大量兴建,居住区环境景观设计的要求越来越高,城市道路在满足交通需求的前提下景观功能逐步被强调……这些都明确显示,社会需要风景园林人才。

　　自1951年清华大学与原北京农业大学联合设立"造园组"开始,中国现代风景园林学科已有59年的发展历史。据统计,2009年我国共有184个本科专业培养点。但是,由于本学科的专业设置分属工学门类建筑学一级学科下城市规划与设计二级学科的研究方向和农学门类林学一级学科下园林植物与观赏园艺二级学科;同时,本学科的本科名称又分别有园林、风景园林、景观建筑设计、景观学等,加之社会上从事风景园林行业的人员复杂的专业背景,使得人们对这个学科的认知一度呈现出较混乱的局面。

　　然而,随着社会的进步和发展,学科发展越来越受到高度关注,业界普遍认为应该集中精力调整与发展学科建设,培养更多更好的适应社会需求的专业人才,于是"风景园林"作为专业名称得到了共识。为了贯彻《中共中央国务院关于深化教育改革全面推进素质教育的决定》的精

神,促进风景园林学科人才培养走上规范化的轨道,推进风景园林专业的"融合、一体化"进程,拓宽和深化专业教学内容,满足现代化城市建设的具体要求,编写一套适合新时代风景园林专业高等学校教学需要的系列教材是十分必要的。

重庆大学出版社从 2007 年开始跟踪、调研全国风景园林专业的教学状况,2008 年决定启动普通高等学校风景园林类专业系列教材的编写工作,并于 2008 年 12 月组织召开了普通高等学校风景园林类专业系列教材编写研讨会。研讨会汇集南北各地园林、景观、环境艺术领域的专业教师,就风景园林类专业的教学状况、教材大纲等进行交流和研讨,为确保系列教材的编写质量与顺利出版奠定了基础。经过重庆大学出版社和主编们两年多的精心策划,以及广大参编人员的精诚协作与不懈努力,"普通高等教育风景园林专业系列教材"于 2011 年陆续问世,真是可喜可贺!这套系列教材的编写广泛吸收了有关专家、教师及风景园林工作者的意见和建议,立足于培养具有综合创新能力的普通本科风景园林专业人才,精心选择内容,既考虑了相关知识和技能的科学体系的全面系统性,又结合了广大编写人员多年来教学与规划设计的实践经验,并汲取国内外最新研究成果编写而成。教材理论深度合适,注重对实践经验与成就的推介,内容翔实,图文并茂,是一套风景园林学科领域内的详尽、系统的教学系列用书,具有较高的学术价值和实用价值。

这套系列教材适应性广,不仅可供风景园林及相关专业学生学习风景园林理论知识与专业技能使用,也是专业工作者和广大业余爱好者学习专业基础理论、提高设计能力的有效参考书。

相信这套系列教材的出版,能更好地适应我国风景园林事业发展的需要,能为推动我国风景园林学科的建设、提高风景园林教育总体水平起到积极的作用。

愿风景园林之树常青!

编委会主任　杜春兰

编委会副主任　陈其兵

2010 年 9 月

前 言（第2版）

　　本书编写以问题为导向,结合当前居住小区环境景观设计存在的主要问题,介绍居住小区环境景观设计的内容、原则、方法和程序,从中培养学生关注实际问题、分析问题和利用所学的设计知识解决问题的能力。本次修编注重创新性和时效性,充分关注了近几年国家大的政策背景变化及居住小区景观设计的新理念、新方法和新实践。修编内容回应了人民对美好生活向往的新需求,回应了国家生态文明建设的重大策略,增加了居住小区景观设计中所涉及的海绵城市建设的相关内容,重新整理了近年来出现的具有创新设计理念和方法的新实践案例。修编注重实例分析,通过实例讲解使学生对前文所讲的设计内容、原则、方法和程序、设计重点等有更直观的认识,使学生了解新的设计手法、风格以及新材料和技术的应用。

　　全书共分5章。第1章介绍居住小区规划与居住小区环境景观设计的概念,以及两者之间的关系、居住小区环境景观设计的内容,反思在高速城市化进程中,我国居住小区环境景观设计出现的问题。第2章介绍居住小区户外空间的构成及类型、发生在居住小区户外空间的主要活动及支持这些活动的功能空间。第3章讲解居住小区环境景观设计的原则、方法和程序,认为:在居住小区规划层面,应该由规划专业与景观专业共同牵头,树立居住小区规划中的大景观和风景园林概念;建筑设计层面,建筑师应该具备风景园林的意识和修养,与景观设计师共同完成建筑设计工作,充分考虑住户的景观并将总体规划阶段的景观构思在建筑设计阶段予以贯彻;在景观设计层面,深化从总体规划阶段形成的园林环境脉络,将园林景观设计落实。第4章介绍居住小区环境景观设计重点,针对小区入口、儿童游戏场地、运动健身场地和小区的交通空间等几个最主要的、对小区环境景观影响最大的功能空间,讲解它们的空间及景观特征、设计原则和设计要点等,对小区照明和植物配置两个专业性较强的设计亦有详细介绍。第5章为集中实例分析部分,分别选取有代表性的低层、多层、高层及混合式住宅小区环境景观设计,介绍了案例的基本情况、构思主题、功能空间、植物配置,结合各实例特点重点介绍了小区入口、儿童游戏场地、运动健身场地和交通节点空间等对小区环境景观最有影响的功能空间。

　　本书由长期从事高等学校风景园林教学与研究的 4 位老师共同编写,重庆大学建筑城规学院刘骏副教授任主编。各章节编者分工如下:第 1、2 章由昆明理工大学艺术与传媒学院徐海顺编写;第 3 章由南京农业大学园艺学院陈宇编写;第 4 章 1、2、3 节由重庆大学建筑城规学院刘骏编写;第 4 章 4、5、6 节由昆明理工大学艺术与传媒学院张琪编写;第 5 章由重庆大学建筑城规学院刘骏编写。感谢重庆大学建筑城规学院梅筱、陈成楚伊、柘弘、赵真围、彭鹏参与资料收集及编写工作。在编写中,实例部分内容涉及较广,我们参考了国内外有关著作、论文,未一一注明,敬请谅解,并向作者深表谢意。

　　限于编者水平,难免有疏漏与错误之处,欢迎广大读者批评指正。

编　者
2023 年 6 月

目　录

1 绪 论

【本章导读】本章是对居住小区环境景观设计知识的概括性介绍,内容共分 3 节,分别是居住区规划与居住小区环境景观设计、居住小区环境景观设计的内容与原则、国内外居住小区环境景观设计概况。通过本章的学习使学生了解居住区规划与居住小区环境景观设计的概念及两者之间的关系,初步了解居住小区环境景观设计的内容,并通过对优秀居住小区环境景观设计的介绍,反思在高速城市化的进程中我国居住小区环境景观设计出现的问题。

1.1 居住区规划与居住小区环境景观设计

1.1.1 居住区与居住小区、居住组团

1)居住区

居住区泛指不同居住人口规模的居住生活聚集地,特指被城市干道或自然分界线所围合,并与居住人口规模(10 000～15 000 户、30 000～50 000 人)相对应,配建有一整套较完善的、能满足该区居民物质与文化生活需要的日常性和经常性的公共生活服务设施的居住生活聚居地。根据人口规模或居民数可以将居住区分为居住区、居住小区、居住组团三级。居住区可划分若干小区,也可不划分小区,而由若干住宅组团组成。如广州黄埔新港居住区(图 1.1),包含 6 个居住小区(6 万居民),建有包括医院、图书馆、派出所、学校等在内的一整套公共生活服务设施。

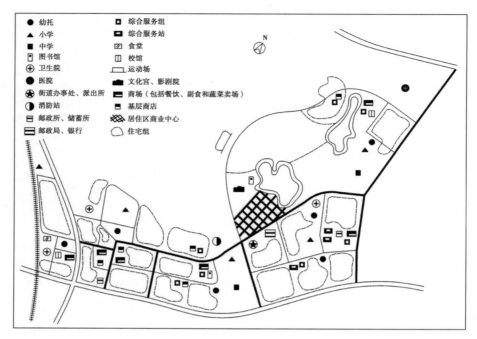

图例:
- ● 幼托
- ▲ 小学
- ■ 中学
- 📖 图书馆
- ⊕ 卫生院
- ● 医院
- ✳ 街道办事处、派出所
- ▣ 消防站
- 🏤 邮政所、储蓄所
- ▤ 邮政局、银行
- □ 综合服务组
- ▢ 综合服务站
- ▨ 食堂
- ▥ 校馆
- ▭ 运动场
- 🏛 文化宫、影剧院
- ▤ 商场(包括餐饮、副食和蔬菜卖场)
- ● 基层商店
- ▨ 居住区商业中心
- ⬭ 住宅组

图 1.1　广州黄埔新港居住区平面图

2)居住小区

居住小区一般称为小区,是被居住区级道路(也可以是城市一般道路)或自然分界线所围合,并与居住人口规模(2 000~3 000 户,10 000~15 000 人)相适应,配建有一套能满足居民日常基本物质与文化生活所需的公共服务设施的居住生活聚居地。小区可划分若干住宅组团,或视具体情况不分组团。如昆明的某居住小区(图 1.2),占地 15.34 hm²,整个居住小区以组团形式布局,围绕中心绿地还规划有小学、幼儿园、商场、文化中心等基本的公共设施,住区内有住户3 210 户、居民约 10 000 人。

3)居住组团

居住组团一般称为组团,是指被小区道路分隔,并与居住人口规模(300~700 户,1 000~3 000 人)相对应,配建有居民所需的最基本的公共服务设施的居住生活聚居地。它是居住区的基本居住单位,由若干栋住宅组成。住宅组团内可设一些直接与居民日常生活有关的微型服务设施,如小商店、卫生站和自行车存放处等;一般不设幼儿园、百货商店等公共设施,以免引入过多人流、车流和噪声而影响居住环境。之所以被称为住宅组团,表示它的单纯居住性质(图 1.3)。

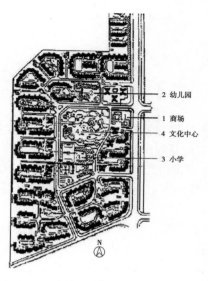

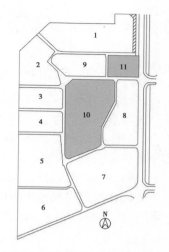

图 1.2　某居住小区平面图　　　　图 1.3　某居住小区规划结构图
1~9—居住组团;10,11—中心绿地及服务设施用地

1.1.2　居住区规划与居住小区规划

1)居住区规划

　　居住区规划是一项复杂、综合的系统工程,它远远超越了单纯的工程技术的范畴,而是深入社会、经济、生态、文化、心理、行为等领域。居住区是城市重要组成部分,居住空间是城市空间的延续,所以居住区是在城市总体规划的基础上,根据计划任务和城市现状条件,进行城市中生活居住用地综合性设计工作。居住区规划主要包括的内容有:根据居住区规划设计任务书的要求,确定规划用地位置及范围;确定人口和用地规模;按照确定的居住水平标准,选择住宅类型、层数、组合体户比及长度;确定公共建筑项目、规模、数量、用地面积和位置;确定各级道路系统、走向和宽度;对绿地、室外活动场地等进行统一布置;拟订各项经济指标;拟订详细的工程规划方案等。

2)居住小区规划

　　居住小区规划的内容包括:确定居住小区单元的布局;确定居住小区内建筑的组合形式;确定道路的贯穿形式及道路级别、形式,道路宽度、停车场;划分各种空间(公共空间、半公共空间、私密空间与半私密空间),并规划绿地与活动场地的具体范围;拟订小区内部的公共服务设施数量、类型、规模、布置等。

1.1.3　居住小区环境景观设计

1)居住小区环境

环境广义上包括社会、自然、人工环境,行为学上的环境是指人类赖以生存、从事生产、生活的外部客观世界。人既是环境的中心,又是环境中不可分割的部分。居住小区环境广义上是指以居民为中心,与其工作、生活相关的外部环境,包括社会、文化、自然、人工环境;狭义上特指与建筑共同构成整个居住小区的、建筑周围的整个外部环境空间,以及由构筑物、道路、场地、植物、水体等实体物质所构成的建筑外部空间。

居住小区环境景观作为城市绿地系统的有机组成部分,其布局和设计方式对提升城市整体景观环境质量至关重要。同时,居住小区环境景观也是离居民生活最近的绿地景观,除了其生态环境功能,其场地还为居民提供了休闲、娱乐、健身、交流、避难等场所,同时,它对居住小区的人文环境也有重要作用。随着社会的发展,居民对住宅需求已逐渐从"居者有其屋"的普通住宅转向了"居者优其屋"的绿色住宅,优美的居住环境景观已成为住宅小区的基本要素。

2)居住小区环境景观设计

居住小区的使用主体是人,从人的需求出发来营造一个舒适、亲近、宜人的居住环境是居住小区环境建设的目标和意义所在。正如《雅典宪章》所说居住活动是"城市的第一活动",居住为城市的主要要素,要多从居住的人的要求出发;而《华沙宣言》则对居住小区环境景观的设计提出了明确要求:"人类聚居地,必须设计得能够提供一定的生活环境,维护个人、家庭和社会的一致,采取充分手段保障私密性,并且提供面对面的相互交往的可能。"因而,居住小区环境景观设计的核心是为居民创造休闲、活动、交流等空间场所。空间是人活动的场所,空间的界面则是景观的物质构成要素,界面与空间是互为依托、不可分割的两个部分。界面是实,可以被人感知;空间是虚,只能被人体验。界面与空间交织在一起,并传达出文化的内涵,从而实现环境景观的整体塑造。居住小区环境景观设计模式改变了从前那种待建筑设计完成以后,再做环境点缀和修饰的做法,使环境设计参与居住小区规划的全过程,从而保证与总体规划、建筑设计协调统一,保证小区开发最大限度地尊重自然、保全自然、培育自然,并使设计的总体构思能够得到更好的表达和深化。

1.2　居住小区环境景观设计的内容与原则

1.2.1　居住小区环境景观设计的内容

1)立意和主题

立意和主题对于居住小区环境景观规划设计的各个阶段均具有重要的指导意义,明确的主

题立意决定了居住小区环境景观的整体形态和组合形式,并有助于营造独特的社区文化和人文氛围。无形的文化氛围、社区文化需要以一定主题、空间格局、设施、绿化配置来体现。

2)总体布局

居住小区应根据功能需求和主题理念,合理规划各种空间场所,并通过道路等廊道,将各个节点串联成有机的景观体系。

3)场所景观设计

场所景观是居住小区环境景观设计的核心,根据使用对象、使用功能的不同,大致可分为以下五种场所:

(1)入口景观

小区的入口作为一个引领空间,也是对居住小区领域的界定,同时也是内外空间的一个过渡,它往往作为居住小区最初的形象而被大众所识别。

(2)儿童游戏场所

居住小区环境占据了儿童成长的主要活动空间和时间,儿童游戏场地是居住小区环境不可分割的一个部分,对儿童智力和身心的健康发展有重要作用。

(3)运动健身场所

运动健身场地作为开放的动态空间,为居民提供健身和户外运动的场地,也可作为社区活动、家庭户外活动的空间。

(4)安静休闲场所

安静休闲场所需要的空间相对私密,能满足住户休闲而不希望被打扰的需求,如进行聊天、看书、观看影视等活动。

(5)公众活动场所

公众活动场地常是居住小区内最为集中、面积较大的活动空间,往往处于居住小区的中心位置,是小区内大型活动的开展场所,同时也是最大的非正式交流空间。

4)小品建筑设计

小品建筑在居住小区环境景观中是必不可少的,大体可分为建筑小品(亭、廊、榭等)、装饰小品(雕塑、水池等)、公共服务设施小品(垃圾箱、指示牌等)等,其风格应与居住小区整体环境协调统一。

5)植物景观设计

植物对小区环境而言是最重要的景观元素,其兼有环境生态、观赏游憩、休闲庇护等多重作用,同时还具有审美文化内涵,通过适当处理,可以提升小区文化意境。

6)水体景观设计

水体是居住小区环境中最活跃的景观要素,它不仅可以塑造出不同形态、活泼、生机盎然的

景观,还可以调节小气候,成为亲水空间和游戏场所,同时也有蓄水、消防的功能。

7)环境照明设计

居住小区内的户外灯光设施主要包括装饰性照明、车行照明、普通场地照明、人行照明、特写照明等,除了保证功能性外,还应注重其景观效果。

1.2.2 居住小区环境景观设计的原则

1)生态原则

回归自然、亲近自然是人的本性,因而注重生态效应,将自然引入人居环境建设中,设计遵从自然,人和自然和谐、融洽的生态原则是当前居住小区景观设计的首要理念。具有生态性的居住环境能够唤起居民美好的情趣和情感,支持人与自然和谐共生。居住小区景观设计应尽量保留场地原有良好的生态环境,改善原有不良的生态环境,保证整个居住小区及周边地区生态环境的良性发展。在设计中,应科学合理地利用自然条件,处理好建筑与环境的关系,尽量布置带状绿地,使更多的住宅能有接触绿地的机会;植物种植应尽量种类丰富,有利于乡土生物多样性和生态系统的平衡,提高居住小区的三维绿量;另外应考虑植物群落的生态效应,乔、灌、草结构的科学配置,考虑空间上的层次性和时间上的季相变化;居住小区环境的水环境则要考虑水系统的循环使用和自我维持。

2)心态原则

居住小区环境景观设计应基于人本主义的精神,根据不同人群的年龄、文化程度、喜好、生活习惯等的不同,创造不同尺度、不同使用功能的人性化、多样化空间场所,满足不同层次人群的多样化心理需求,如多样的空间(私密、公共、半公共、半私密等)规划、宜人的空间尺度、舒适的活动场所等。盖瑞特·埃克博(Garrett Eckbo)在《生活的景观》(*Landscape for Living*)一书中,强调人是景观服务的中心和最活跃的设计元素,空间是景观设计的最终成果。不同人群对空间的偏好因年龄、职业、喜好、修养、文化等要素而不同,而且总是处于不断发展、变化的动态过程中。空间的创造、设施的设计并没有一个统一的模式,可以根据居民的年龄结构、不同的需求等丰富空间特性。人对环境的体验来源于多重感官,空间设计中对于人的听觉、视觉、嗅觉等多重感受都应有所考虑,良好空间环境的建立依赖于对多重环境的体验。此外,通达性直接影响着各种功能区的使用效率和效果,应合理组织交通路线,根据居住小区的特点、建筑的布置情况、空间的服务区域来合理地确定各绿地空间和服务设施的数量、面积和所处位置,减小居民充分使用空间的障碍,体现共享性和公平性。居住小区景观设计应具有亲切宜人的尺度感,能够促进社区人际交往,引导人与人之间的交互行为及满足社区休闲健身活动。同时提倡公众参与到小区的景观设计、建设和管理中。通过有形的设施、无形的机制建立起居民对社区的认同、参与和肯定,形成良好的邻里关系、社区文化和居住氛围。

3）文态原则

居住小区景观设计应基于场所理论,传承场地文化,因地制宜地创造出具有地域特征的空间环境,注重整体景观的文化性、地域性和个性特征,通过物质空间规划设计,提升居住社区的文化氛围和精神价值,增强居住空间的可识别性,带动居民对居住环境的认同感与归属感。居住小区规划设计时不但要解决居住空间的设置,更要赋予居住环境更多的文化内涵,以满足人们的精神享受,这样人们在社区里生活才会感到愉悦。文化内涵往往是通过有特色的、具有地域特征的景观所表现出的,通过对生活功能、规律的分析,对地理、自然条件的推敲和对当地的历史文脉、环境、气候、自然条件等的研究,形成在布局与环境景观设计等方面与其他居住小区的不同的内在和外在特征。

4）形态原则

居住小区景观规划设计应注重景观的观赏价值和视觉感知效果。首先应考虑环境空间的整体效果,采用合理的用地配置方式,并通过合理的配套设施布局(水、电管网设施,变电站、垃圾房、车库等辅助设施的布局及美化等)来达到居住小区整体意境及风格塑造的和谐。其次,在多样的外部环境各要素之间做到和谐统一,避免不同形式、风格、色彩的要素产生冲突和对立。同时,环境构成要素作为实体来构成空间,空间才是环境的主角,各要素需要为环境和谐的整体利益而限制自身不适宜的夸张表现,使各自的先后、主次、从属分明,共同构筑协调、统一的环境景观。再次,居住小区景观设计应通过借景、障景、对景等造景方式,使居住小区内外关系及系统协调。例如:临城市河道的居住小区宜充分利用自然水资源,设置滨水景观绿带;临近城市公园或其他类型景观资源的居住小区,应有意识地留设景观视线通廊,促成内外景观的交流;毗邻历史古迹保护区的城市居住小区应尊重历史景观,满足城市控制性详细规划或其他相关规定。此外,种植设计还应注重植物的季相变化和观赏价值等。

1.3 国内外居住小区环境景观设计概况

1.3.1 国外居住小区环境景观设计概况

1）美国

20世纪80年代以来,针对现代城市的功能分区机能不良、公共空间缺乏、环境状况恶劣等种种弊端,在美国产生了新城市主义(New Urbanism)的规划思想。新城市主义的理论来源是埃比尼泽·霍华德(Ebenezer Howard)的田园城市,由于认识到城市的多样性与传统空间的混合利用之间的相互支持,新城市主义最引人注目的理论就是传统邻里区开发(Traditional Neighborhood Development,TND)和交通导向开发(Transit-Oriented Development,TOD)(图1.4)。新城市

主义规划的是具有传统特色、高密度、小尺度和亲近行人的社区空间,土地使用采取混合开发模式,保留大量的绿化开敞空间,强调公共交流与公众参与,鼓励步行和公共交通,营造亲切的社区氛围。按照此理念规划的社区,具有各自多元的人文和自然特征,家园坐落于自然景区内,既能享受清新的自然景观,又能在步行范围享受到社区生活的温馨。新城市主义最有影响的经典之作是新城市主义的奠基人安德雷斯·杜安伊(Andres Duany)与伊丽莎白·普莱特-赞伯克(Elizabeth Plater-Zyberk)夫妇设计的坐落于佛罗里达州的墨西哥海湾的滨海城(Seaside City)。

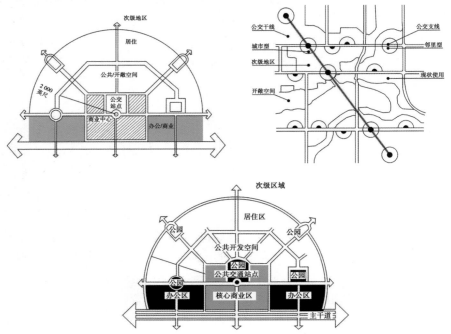

图1.4 以交通主导(TOD)的发展单元和区域发展模式

2) 日本

1956年颁布的《都市公园法》是日本公园绿地的基本法律之一。《都市公园法》将都市公园分为九大类,其中基干公园包括住区基干公园(街区公园、近郊公园、地区公园)、都市基干公园两类(图1.5),其对都市公园的配置、规模、设施等技术标准和建设密度、设施用地、人均面积等方面都进行了规定。在日本现行的绿地总体规划中,制定了居住小区人均住区基干公园面积4 m² 以上、人均都市基干公园面积2.5 m² 以上的建设目标。

当代日本居住小区环境景观设计模式是一种在用地紧张的情况下的布置模式:居住小区以交通干道为界,各级基干公园绿地作为嵌块,位于相应规模的用地中心,各嵌块之间由绿道相联系,在住宅高密度条件下优先保证公园绿地的均匀分布,此外,注重将居住小区绿地与防灾庇护系统建设相结合,并重点建设满足多样化需求的休闲设施,尤其是幼儿、儿童设施等。

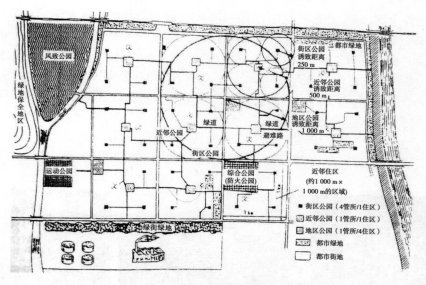

图1.5 日本都市公园系统的布局模式

3）法国

　　1994 年法国出台的居住小区绿地标准,其中明确规定住宅组群公园、小区公园、居住小区公园的绿地定额、服务半径、绿地面积和平均每人绿地面积。法国当代居住小区环境景观设计的模式特点是以带状公园绿地贯穿居住小区,这些公园绿地互相联系成为纵贯城区的绿带。居住小区内部带状公园绿地与住宅组群接触比较充分,住宅组群的绿地可直接与之连通(图1.6)。这种模式的住宅组群可以保持较高建筑密度,绿带宽窄变化比较灵活,居民对公共服务设

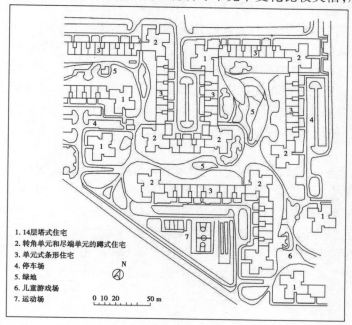

图1.6 法国某城市居住区平面图

施有较多的选择余地,绿带方向与夏季主导风向一致,有利于通风,也便于形成明确的环境意象。例如:1990年始,巴黎市政府针对塞纳河左岸地区130 hm²的铁路、仓储与工业闲置用地,进行了有步骤的整体改造建设,目标是形成一处文化、教育、办公、居住等多功能融合的、富有吸引力和活力的综合片区。整体改造规划包括90万m²的办公楼,52万m²的住宅(住宅项目既包括舒适豪华的套型,也包括社会住宅),同时还包括22万m²的现代工业及传统手工业建筑、13万m²的公共建筑、20万m²的大学,以及17 500 m²的河港建设,此外,公共休闲空间占地不少于30万m²。狭窄的街道、围合的街坊、私密的内院、开敞的公共绿地、丰富的建筑立面造型,以及建筑高度的序列变化(沿河逐渐降低)等多种元素相互融合,形成了很好的居住景观效果(图1.7)。

图1.7　法国居住区环境景观

4)英国

英国新城的规划设想也来源于霍华德的田园城市,经历了三个发展阶段,分别以哈罗(Harlow)新城、郎科恩(Runcorn)新城和米尔顿·凯恩斯(Milton Keynes)新城为代表,其交通体系采用完全人车分行的雷德朋原则,住宅以独立花园式住宅为主,搭配少量的公寓,住宅区十分强调绿化和景观,将城市绿地连续不断地渗入居住小区内部,居住小区之间、居住小区内各小区(邻里单位)之间、各住宅组群之间均有大量的公共绿地,并形成联系紧密的有机整体。新城还预留大片未开发土地以便进一步开发娱乐、休闲等公共活动场所。这种居住小区绿地规划模式具有最大的整体性与连续性,从景观和生态角度看最为有利,但这种模式因为需要大片的绿地,仅适用于用地条件比较宽松的城市和居住小区。20世纪80年代以后,可持续发展的观点进一步扩展了新城建设的内涵,进而提出了新社区(New Settlement)的规划概念。新社区不再是单纯的居住小区,而是一种具有多重含义,内容范围广泛,集生活、休闲、娱乐、工作为一体的综合区域。

新社区将农业也纳入规划考虑的范围,形成对全新城市聚居模式的探讨。面对城市生态环境危机,英国出现了生态社区建设的风尚,按遵循自然的原则,尽可能地保留原有基地的地形、植被、河流等自然形态,尽量减少对基地环境的破坏;社区各类资源通过合理的组合以及采用适当的生态技术达到生态循环的最大化,将居住小区产生的废弃物、污染物减少到最小,甚至是零排放。例如:英国伦敦贝丁顿零碳社区(Bed ZED)(图1.8),在一片曾是荒芜废弃的污水处理厂址上诞生,是一个象征未来低碳社会的生态社区,这是英国第一个全方位生态社区。

图 1.8　英国贝丁顿零耗能生态社区(Bed ZED)

1.3.2　我国居住小区环境景观设计概况

1) 我国居住小区环境景观设计的发展历程

我国居住小区环境景观设计在新中国成立以后得到了迅速发展。从中华人民共和国成立之初对苏联居住小区模式的模仿,到 20 世纪 80 年代借鉴国外经验对符合我国国情的居住小区自主模式的探索,以及 20 世纪 90 年代以后"人性化""生态化"理念的引入,再到 21 世纪以来更加注重"高品质""宜居化",大致可分为以下五个发展阶段:

(1)中华人民共和国成立初期的模仿时期

20 世纪 50 年代新中国成立初期为了改善人民居住条件,居住小区建设以借鉴和模仿苏联的居住小区模式为主。这一时期的居住小区规划风格朴实无华,没有实质的景观设计,景观仅局限于植草种树的"绿化"模式。而之后的 20 年间,居住小区规划初步涉及了环境景观设计,尤其是 20 世纪 70 年代后出现了住宅组团中央围绕小区中心绿地的布局结构,标志着对环境景观设计的重视。

(2)改革开放以后的探索时期

改革开放以后,居住小区建设进入了如火如荼的大发展时期。这一时期的规划结合考虑了"功能"与"形式"的要求,从居住小区的建筑形式到空间都更加灵活丰富,可以说,无论是规划、建筑、景观都有了很大进展,但是景观设计仍摆脱不了模仿,景观形式多流于盲目崇尚表面的美观,缺乏对景观设计的深层意义的思考。

(3)20 世纪 90 年代初期的"人性化"时期

20 世纪 90 年代,随着我国住房改革的深化,住房由"福利分房"转向了商品化、社会化。尤其对"人性化"理念的引入,把居民在环境中的行为心理及多样化需求作为重点,让这一时期的小区规划焕发出蓬勃生机。这一阶段的环境景观呈现出多样化发展趋势,除了观赏性外,也更加关注环境的舒适性与实用性,满足人的多样化需求。

（4）20 世纪末的"生态化"时期

20 世纪末到 21 世纪是我国对生态居住观的大力倡导时期。这一时期受生态现代化理念的影响，各地建设花园城市、生态城市，而"以人为本"的模式也转向了"以人为本——以环境为中心"的可持续发展模式，居住小区景观设计从单纯的物质空间环境走向了社会、经济、自然、人整体协调发展的阶段。

2）我国居住小区环境景观设计存在的问题

（1）从忽略到过度设计，景观要素堆砌的现象较为普遍

随着人民生活水平的不断提高，居住小区的环境设计越来越受到重视，我国的居住小区环境建设已走过了早期的不被重视阶段，而出现了过于强调形式、盲目堆砌景观要素以满足销售、宣传和形象需求的过度设计问题。这种出于市场销售需求，由开发商大量投入资金而催化出的景观设计过激、过度的产品，带来了居住小区环境景观设计浮躁之气，设计师专注的不是居民的使用，而是景观形象的展示和商业的噱头，大量地堆砌景观小品、水景和异域的植物等。过度、造作的景观设计不仅造成极大的浪费，同时还对景观设计的风气形成了不好的影响。

（2）脱离本土文化背景和居住人群身份的社区环境，盲目抄袭国外风格

由于业界的浮躁与急功近利，小区环境设计中，一度外来风盛行，盲目模仿、抄袭、复制诸如欧式、日式、美式以及新加坡式等的设计风格，丢失了基于场地的特色，丧失了场地的文化属性。景观设计必须要有自己的原创性，要营造基于本土文化背景和居住人群身份的社区人文环境，否则将失去自我的文化归属感，不能在业主和居住环境之间产生某种心灵的共鸣。

（3）片面强调装饰性的景观效果，忽略小区环境的实用性和生态性及后期管理养护

不少地产商将景观绿地建设作为一种谋利的手段，在地产开发中往往对于景观环境的营造急功近利，片面追求观赏性和装饰性的景观效果，单纯追求形式的美观，重观赏效果、轻生态效应，追求短时效果，忽略小区环境的实用性和生态性。例如，大面积、纯观赏性的模纹花坛、草坪，大尺度的公共雕塑、硬质铺装，大树移栽等。特别是许多生态习性与当地地理条件不相适应的观赏植物的引进，以及缺乏乔—灌—草立体群落的合理配置，违背绿地植物的自然生长、演替规律。在这种没有真正将城市居民的需求作为出发点的状况下，其营造出的景观环境往往不具有可持续性，后期维护、管理均存在较大问题。

（4）照搬大尺度绿地空间的手法进行设计，忽略小区环境的家园性、休闲性及自然性

居住小区环境景观的设计尺度与城市规划和城市公共空间设计完全不同，在居住小区环境景观设计中往往存在照搬城市广场、公园等大尺度绿地空间的手法，设计手法过于规范化和格式化，尺度把握欠缺的问题突出。加之，由于对人的心理需求考虑不周，较少从儿童、老人、青年等不同年龄层次的使用群体角度出发，使居住环境的外部设施严重缺乏，外部环境有空间无内容；极少考虑到必要性活动、自发性活动、社会性活动所需的人性场所，难以满足人们休闲的需求，因而往往不能营造出具有亲切感、家园感、归属感的空间场所，在一定程度上丢失了居住小区环境空间的休闲场所功能。

3）21 世纪以来的"宜居化"时期

当今社会进入网络时代，人与自然环境部分分离，人们渴望回归自然，因此对居住小区景观

的需求从"居者有其屋"向"居者优其屋"逐步转化。随着景观设计理念的日益成熟,盲目模仿、抄袭现象逐渐减少,居住区风格趋于多元化,更多融合当地的地域特征、自然特色、人文历史等,注重对各年龄段居民的尊重与关怀。同时,将整个居住小区看成一个生态系统,通过景观环境设计改善空气质量、减弱噪声、降温增湿、保护生物多样性,打造绿色生态宜居空间。

课后复习思考

1. 居住小区环境景观设计的主要内容与原则有哪些?
2. 试比较分析我国和欧美国家居住小区环境景观设计的产生背景及特征。
3. 目前我国居住小区环境景观设计中存在的问题有哪些?
4. 根据个人理解阐述当前居住小区环境景观设计的时代精神。

2 居住小区环境空间构成

【本章导读】居住小区户外空间是居民日常生活的主要场所,因此做好居住小区环境景观设计首先要对居住小区户外空间的特性和户外空间活动有所了解。本章内容共分2节,分别是居住环境空间构成与类型、主要居住活动与功能空间,主要介绍了居住小区户外空间的构成及类型,发生在居住小区户外空间的主要活动以及支持这些活动的功能空间。

2.1 居住环境空间构成与类型

居住环境空间构成是指通过各类实体的组合和排列围合成户外的环境空间,并且通过设计使这些空间满足居民生活实用的各种功能需要,达到舒适合理的要求。小区环境空间与建筑空间一样,也是"虚无"或"空"的,在很多情况下我们感觉不到它的存在,但其实在空间中不断地发生着人们生活的各种行为,是人们生活的容器。空间环境和实体是居住小区硬环境的主要组成部分,它们互相依存、不可分割。如果只注重住宅、公共建筑等构建的实体,但没有处理好实体与空间环境的关系,居住小区缺少空间感或失去空间环境或环境组织、空间结构、空间秩序不合理,也不能构成良好的人居环境。

2.1.1 按空间层次划分

根据居住环境空间给人的心理感受以及空间领域性,居住空间可划分为"公共—半公共—半私密—私密"四层递进关系。

1)公共空间

公共空间是指供居住小区全体居民共同使用的场所,使用者不受限制,因此这类空间场所应方便众人进出使用。一般情况下,公共空间占据居住小区内中心地带和居住小区重要出入口处,包括道路广场、社区公园、文化活动中心、商业中心等,是居住小区居民的共享空间(图2.1)。

图2.1　某居住小区绿地公共空间 　　图2.2　某居住小区组团院落半公共空间

2）半公共空间

半公共空间是指具有一定限度的公共空间,是属于多幢住宅居民共同拥有的空间,具有一定范围的公共性。这类空间是邻里交往、游憩的主要场所,也是防灾避难和疏散的有效空间。规划设计时,需要空间有一定的围蔽性,交通车和人流不能随意穿行。这类空间包括组团院落空间(图2.2)、组团级道路空间等。

3）半私密空间

半私密空间是私密空间渗入公共空间的部分,是属于特定几幢住宅居民公用的空间领域,主要供部分人员共同使用和管理,这类空间常常成为幼儿活动的场所。同时,由于这类空间是居民离家最近的户外场所,是室内空间的延续,因此又是居民由家庭向城市空间的过渡,是连接家与城市的纽带。这类空间包括宅间庭院、宅前小道等(图2.3)。

4）私密空间

私密空间是属于住户或私人所有的空间,空间的封闭性、领域感极强,一般指住户的底层小院,仅供居民家庭内部使用(图2.4)。

图2.3　某居住小区宅间半私密空间 　　图2.4　某居住小区庭院私密空间

2.1.2　按空间形式划分

1)边界空间

　　边界空间是指两种性质不同的空间交接的边界区域。边界空间具有行为的诱导性和景观的变异性,以及行为的扩散性。在一个居住小区中,从公共空间到私密空间、从开放空间到封闭空间之间的过渡区域总是最吸引人的场所。居住小区涉及的边界空间包括居住小区边界(居住小区与城市的边界,居住小区入口边界,如图2.5所示)—庭院边界—单元入口边界(图2.6)3级,从公共性到私密性,将各个交往空间连接起来。同时,边界空间是居民来往的必经之处,也是行人辨别方位的重要标记。这些位置既能满足人们心理安全,同时又能满足好奇心的需要,因此是人们乐于驻足活动的地方。边界空间的主要任务就是满足人们最经常的交往活动所需的空间,并提供一定的设施供人休息或进行各种活动。

图2.5　某居住小区入口边界空间　　　　图2.6　某居住小区单元入口边界空间

2)庭院空间

　　庭院空间是居住小区内主要由建筑围合的空间类型,庭院空间中交往类型丰富。依尺度及形态之间的对比关系,通常可分为中心庭院—区域中心庭院—宅间院落3级。中心庭院属于公共空间,供全体住户使用;区域中心庭院属于居住小区半公共空间性质,供多栋住宅居民使用,也称组团院落;宅间庭院属于居住小区半私密空间性质,供几栋住宅居民使用。一般较小规模的居住小区往往只能形成具有中心庭院1级,或中心庭院—宅间院落2级的关系。庭院空间是居住小区居民交往行为发生的主要场所,是使用率较高的空间。

3)广场空间

　　广场是主要由软性材质围合的空间类型,居住小区的广场空间具有开放性、可及性和高实用性的特点。它不仅是居民进行大规模户外活动的场所,如集体大型活动(老年人的聚集性晨练活动、居住小区的社区活动)等,同时也是散步、交谈等休闲活动的场所(图2.7)。

图 2.7　某居住小区广场空间

4) 道路空间

居住小区道路具有道路交通的普遍功能,但与城市道路有不同的要求,它不能像城市道路那样四通八达,而应视为居住空间的一部分,因为它与居民的出行、邻里交往、休息散步、游戏休闲等密切相关,是居住小区交往空间的一个主要场所。依据道路的宽度和用途可将居住小区的道路空间分为:住区级道路—组团级道路—院落级道路3级(图2.8),私密性呈递增关系。住区级道路属于公共空间性质,为居住小区全体居民共同使用,主要通向各个住宅组团,一般呈环形、线形布置,满足车、人通行;组团级道路属于半公共性质,主要起到由区域性庭院向宅间院落的过渡;院落级道路属半私密性质,是院落内的道路和院落通向住宅单元的道路。

(a)住区级道路空间　　　(b)组团级道路空间　　　(c)院落级道路空间

图 2.8　某居住小区道路空间

5) 各空间之间的关系

交往空间的这些形式共同组成了居住小区户外的空间环境,它们的关系如图2.9所示。

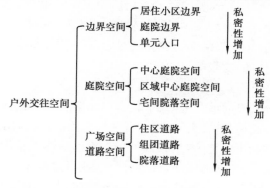

图 2.9　交往空间按空间形式分类的关系

2.2 主要居住活动与功能空间

2.2.1 居住小区主要活动

人们在户外的活动多种多样,居住小区户外环境中的活动也不例外,根据不同的划分方式可以将这些活动分为不同种类,具有不同的特点。在居住小区户外交往空间设计时,应分析空间中可能发生的交往行为类别及其特点,进行针对性的设计。

1) 按户外活动性质划分

丹麦学者扬·盖尔(Jan Gehl)在《交往与空间》(*Life between buildings*)一书中,将公共空间中的户外活动划分为三种类型:必要性活动、自发性活动、社会性活动。每种活动类型及其相对应的环境要求都不同。各类空间为居民的户外活动提供了表演舞台,必要性活动、自发性活动、社会性活动就有可能在那里不知不觉地发生。居住小区环境中也包含了这三类活动。

(1) 必要性活动

必要性活动是各种条件下都会发生的必不可少的活动,如上(放)学、上(下)班、购物、存取自行车、小孩接送、候车、买菜、做家务等。换句话说,就是那些同一年龄组的居民在不同程度上都要参与的所有活动。一般地说,日常的工作和生活事务属于这一类型。这些活动一方面是在各种条件下,任何环境的居住小区都必须发生和进行的,从活动的内容和频率上讲,它们的发生很少受到居住环境构成的影响;另一方面,这些活动的方便、舒适、安全、安静程度,严重地受到居住小区环境的影响,特别是受到硬环境布局的影响,也就是说,硬环境处理不当,居民参加必要性活动就会感到不方便、不安全等。

(2) 自发性活动

自发性活动是在环境条件适宜、空间具有吸引力时才会发生的交往形式。自发性活动与必要性活动相比是另一类截然不同的活动,只有在适宜的户外环境条件下才会发生,只有在人们有参与的意愿且在时间、地点、场所均有可能的情况下才会发生。这种类型的活动包括散步、健身、驻足观望及坐下休息等。对于物质规划而言,这种关系是非常重要的,因为大部分宜于户外的娱乐消遣活动恰恰属于这一范畴,这些活动特别有赖于外部的物质条件。

自发性活动主要包括:①文娱活动,如绘画、摄影、阅览等;②体育活动,如打拳、游泳、跑步等;③安静休息,如散步、休憩、赏景等。

(3) 社会性活动

社会性活动是指在公共空间或半公共、半私密空间中有赖于其他人员参与的各种行为,包括儿童游戏,互相打招呼,交谈,各类公共活动,以及最广泛的社会活动——被动式接触,即仅以视听来感受他人。这类活动可以称为"连锁性"活动,在绝大多数情况下,它们都是由另外两类活动发展而来的,或是由人们长期形成的习惯而形成,或者是由于人们处于同一空间,在环境、气候、条件适宜时发生。人们在同一居住区、居住小区、居住组团、同一空间内生活、活动,就会

自然引发各种社会性活动,这就意味着只要改善居住小区中必要性活动和自发性活动的条件,就会促成有序的社会性活动。

按照社会心理学的理论,社会性活动具有三个方面的功能作用:一是组织功能,即通过社会性活动使居民有秩序、有组织、有系统地结合起来;二是协调功能,即通过社会性活动增进居民的互相了解、同情和支持,协调行动,共同对居住小区承担起社会责任;三是保健功能,即社会性活动是人具有社会性的反映,保持人与人的思想感情交流、信息交流,从而有利于人的心理平衡和身心的健康。

社会性活动的发生,必须具备以下条件:①赋予行为发生者以合适的空间和具有一定设施和环境的场所,并且在一般情况中活动的群体对此场所或空间具有归属感、领域感和安全感;②居民必须具有相同或类似的、相近的社会利益和活动内容,只有相同的目的或社会利益才能导致共同的社会性活动;③居民在某些特征上必须是相同的或类似、相近的,如职业、地位、所受教育、业余爱好、年龄、性别、地缘等,只有在相同者、类似者之间才存在着相适应的、共同的行为和语言,才有可能发生社会性活动。

在当代城市中,一般一个居住小区的居民人口构成、家庭构成、年龄构成是不相同的,他们从事不同的职业,分属不同的社会团体和群体,具有不同的社会利益和生活规律,经济收入、受教育程度、志趣爱好等也不尽相同,从而导致了不同居民的社会利益差异。因此,在居住小区环境设计中,要考虑和研究多方面的社会性活动的需要和可能。

首先是邻里间的社会性活动。邻里间的交往是最基本的人际地缘关系,它是住户家庭的延伸和扩大化,对社会的安定有着更为直接的作用。邻里的居住环境是居民(特别是童年时)对居住处所建立起来的故乡感、故乡情的重要组成部分,对于中小学生、学龄前儿童品性的形成有着很大影响。其次是不同社会成员之间的社会性活动。居民中不同年龄、性别、职业、爱好等特性的成员,有不同的社会活动内容和目的,以及对其环境条件的不同要求。因此,在居住小区内不仅要安排各种各类成员"通用的"活动空间、场所和设施,而且还应该为满足居民不同的社会需要而设计"系列"的环境。通过细致地考察不同对象的生理、心理特点和行为活动的规律,为各种社会性活动提供媒介和环境。

(4)三种活动与外部环境空间的关系

社会性活动和自发性活动是即兴发生的,具有很强的条件性、机遇性和流动性的特点,这就对硬环境系统提出了相应要求。如果要保证孩子们有最佳的游戏条件,能与其他孩子一起游玩,并保证不同类型、年龄组别的居民群体有良好的交往与活动的机会和范围广泛的户外娱乐活动,就必须使各种活动在户外能随机、连续地发生,同时直接在住宅的周围提供与之相适应的空间和场所以及从事某一活动的机遇。这样即兴发生的社会性活动和自发性活动就有可能发展起来。

当户外空间的质量不理想时,就只能发生必要性活动,而自发性活动和社会性活动就很少可能发生。在环境低劣的居住小区环境中,只有零星的极少数活动产生,人们匆匆赶路上班或回家,住宅外的环境就不具有吸引力,被冷落,成为"沙漠"。在良好的居住环境中,情况就截然不同,当户外环境具有较高质量时,尽管必要性活动的发生频率基本不变,但由于实体和空间条件好,它们显然有延长时间的趋向,其环境系统的功能效益就得到了充分发挥,并且由于场地和环境布局适宜居民驻足、小憩、游玩等,大量的各种自发性活动和社会性活动就会随之发生和增加。

2)按户外活动目的划分

(1)保健型活动

保健型活动是居民们通过进行体育锻炼、健身活动等与别人交流信息、增进感情的活动。活动人群主要为中老年人,表现为跑步、打拳、舞剑、打球、练气功、跳舞等健身活动,这类活动具有以下特征:

①活动时间相对固定。健身的时间大多发生在清晨或傍晚,这两个时间段的阳光都比较弱,因此在设计健身型活动空间时就不必考虑大树冠树种遮阳的问题,只要这类空间中的绿化满足居民对清新空气的需求即可,而不必对绿化种类有特殊要求。

②活动对象相对固定。在居住小区内经常参加健身的人在这个特定的时间段内会经常碰面,久而久之就相互认识、熟悉,成为相互关心的朋友。

③活动地点相对固定。健身者往往会选择僻静的场所,以减少外界的干扰。由于健身是许多人的集体活动,因此需要一定面积的平坦场地,并在场地的周围布置部分座椅,以备休息时使用。

(2)休闲型活动

居民们进行休闲活动的主体人群为老年人及中青年人,主要活动方式为散步、观看、下棋、晒太阳、乘凉,等等。多发生在优美有趣、生机盎然的场所,如小区公园、广场、绿地及其小品设施旁,以及感到亲切的地段,如单元楼门口、住宅组团出入口和小区出入口及其附近区域等。由于这类活动是一种休息放松的自发性或社会性活动,受气候条件及物质空间环境质量的影响较大,交往的人数以3~5人的小群体为主,也会出现10人以上的大群体休闲活动情况。一般来说,休闲活动具有以下特点:

①随机性。休闲型活动发生的时间、地点、行为都不固定,具有随机性。这种活动常发生在空气清新、绿树成荫、相对安静的住区绿地旁、小品设施旁以及有集聚活动的居住小区小广场,可以看到较多来往人流的住区步行街和宅前绿地等地方。因此,在对休闲型空间进行设计时,要使一个场所具有适应多种活动行为的功能,以满足人们在闲暇时间休闲活动方式的多样化。

②局限性。由于休闲型活动受气候条件及物质空间环境质量的影响较大,具有一定的局限性,在室外活动空间功能多样化的同时,要使空间尺度适应人体的需要,同时还要设立半室内休闲空间,如凉亭、廊架等,以防出现连续阴雨住户无处可去的情况。

(3)游戏型活动

游戏型活动多发生在小孩子中,如追跑、戏水、堆沙、捉迷藏等。其活动的区域随孩子年龄的增长而扩大,如学龄前儿童的活动区域多为组团内的场地,并有家长陪伴进行,在此过程中引发家长间的连锁交往;而小学生的活动场地则扩展到居住小区中心场地或者更大的范围。这种游戏型活动多以3~5人为主,更多的人参加的则可能是有组织的游戏活动。在进行游戏型活动空间设计时要注意:

①安全性。由于游戏活动以儿童活动为主,而儿童年龄较小、自身的安全防卫意识较弱,其地理位置的选择尽量远离车行道。对于婴幼儿的活动场地地面铺装要以柔性材料为主,如地面铺设泡沫地砖。

②可开发性。儿童在游戏的同时智力也受到开发,因此在对游戏空间进行设计时,可以提供儿童自主活动的平台,如设置沙坑及一些自由的材料,让儿童在沙坑里自己创造游戏模式。

（4）事务型活动

事务型活动是指居民之间的处理事务的活动,活动地点在居住小区户外空间环境中。处理的事务可以是业务往来、事件讨论、谈判等。它的特点在于:

①活动对象相识。活动的对象可能之前就认识,或熟悉或仅相识。

②目的明确。活动的目的非常明确,就是进行事务商量或处理。

3）居住小区活动行为的特征

（1）活动行为的随意性和伴随性

居住小区的活动不同于学习和工作的活动,它更加随意、亲切。由于人们共同生活在一个空间,会经常会面、打招呼、交谈,以及进行具有共同喜好的娱乐等,活动的随意性较强。居住小区独立性的活动很少,一般都随着带孩子、遛狗、散步、棋牌等休闲活动进行,有很强的伴随性。

（2）活动行为的多样性和分散性

居住小区活动行为存在着多样性,因此活动行为在空间上呈分散性。

2.2.2　居住小区主要功能空间

居住小区内的主要活动空间按其功能、性质、规模和所处的环境,可划分为居住小区公园绿地空间、组团绿地空间、宅旁绿地空间、道路绿地空间和配套公共服务设施附属绿地空间。住宅区的绿地环境具有三种主要作用:使用功能、生态功能和景观功能。使用功能是指其具有可活动性,如游戏、运动健身、散步休闲等;生态功能是指其具有平衡生态、气候调节的作用,如住宅区小气候的形成(包括降温、增温、导风等)、雨水的滞留收集和回用、环境污染的防治与质量的改善(噪声减弱、空气降尘、减菌和吸收二氧化碳等)等;景观功能包括可观赏性与环境美化功能。

1）小区公园绿地空间

居住小区公园绿地空间是指满足规定的日照要求、适宜安排游憩活动设施、供居民共享的游憩空间。其景观形象是居住小区的代表。

（1）公园绿地功能

居住小区公园绿地空间通常又称为小区游园,其主要作用在于为居民提供一个公共绿化活动空间,它集中反映了小区环境景观的质量水平。所以,有很多小区又以集中绿地、中心景观、中心花园等形式出现。公园景观空间的功能主要包括:构建居民户外活动空间,提供各年龄阶段需要的游憩活动场所,包括散步、休息、游览、儿童游戏、运动、健身、娱乐、文化陶冶等;营造交往空间与社交氛围;塑造居住小区形象,增强吸引力和凝聚力;成为海绵城市建设中雨水接纳的终端,消纳收集周边地块的雨水;提供防灾避难场所等。

（2）小区公园绿地空间的设计

小区游园在设计时应该以居民的活动规律与需求为基础,并与住宅区各类活动场地的布局和设计紧密结合,其位置通常处于居住小区的中心地带,以在使用和景观方面最大限度地被最多的居民和住户所享受为原则。小区公园景观空间用地面积通常较大,面积应≥1.0 hm²,最大服务半径为800~1 000 m。

①配合总体。小区公园景观空间要与小区总体规划密切配合,综合考虑,全面安排,并使小游园能妥善地与周围城市绿地衔接,尤其要注意小游园与道路绿化衔接。

②位置适当。应尽量方便附近地区的居民使用,并注意充分利用原有的绿化基础,尽可能与小区公共活动中心结合起来布置,形成一个完整的居民生活中心。

③规模合理。小游园的用地规模根据其功能要求来确定,在国家规定的定额指标上,采用集中与分散相结合的方式,使小游园面积占小区全部绿地面积的一半左右为宜。

④布局紧凑。应根据游人不同年龄特点划分活动场地和确定活动内容,场地之间既要分隔,又要紧凑,将功能相近的活动布置在一起。

⑤利用地形。尽量利用和保留原有的自然地形及原有植物。

(3)小区公园绿地空间的布局形式

小区公园的平面布置通常分为规则式、自由式和混合式。规则式布局通常采用几何图形布置方式,有明显的轴线,园中道路、广场、绿地、建筑小品等组成对称、有规律的几何图案,其特点是整齐、庄重,但形式比较呆板,不够活泼。自由式布局布置灵活,采用曲折迂回的道路,可结合自然条件,如冲沟、池塘、山岳、坡地等进行布置,绿化植物也采用自然式。自然式布局的特点是自由、活泼,易创造出自然而别致的环境。混合式布局是规则式与自由式的结合,可根据地形或功能的特点,灵活布局,既能与四周建筑相协调,又能兼顾其空间艺术效果,可以在整体上产生韵律感和节奏感。

(4)小区公园绿地实例分析

上海浦东某高档居住小区,其布局以自然式为主,结合规则式,精心设计社区景观环境,绿化面积高达 70%,尤其是在小区中心规划了占地 30 000 m² 的自然生态公园(图 2.10)。该中央绿地公园采用中西结合的设计手法,以水景为主要造景元素,结合地形起伏和植物栽植(图 2.11),东部以规则水面为主,镜面化水渠的丰富倒影给公园增添了许多情趣,西部以自然化水体为主,强调中国式的风景情趣。[资料来源:《中国景观设计年刊》(第一期),天津大学出版社]

(a)西部自然式水景空间

(b)东部规则式水景空间

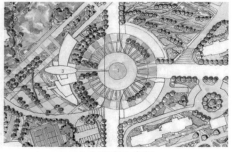
(c)小区中心广场

图 2.10　上海浦东某居住小区中央绿地公园平面详图

图2.11　上海浦东某居住小区中央公园景观

2）宅旁绿地空间

宅旁绿地也称宅间绿地，多指在行列式建筑前后两排住宅之间的绿地，一般包括宅前、宅后以及建筑物本身的绿化，其大小和宽度决定于建筑间距、建筑层数及组合形式。

（1）宅旁绿地的功能

宅旁绿地属于"半私有"性质，常为相邻的住宅居民所享用，因而需要具有满足以家庭为中心的日常生活活动的空间需要，以及建筑物的基础种植与遮蔽的功能。此外，宅旁绿地还具有解决室内外空间的过渡与衔接的功能，保持空间的自然过渡。

（2）宅旁绿地的设计

宅旁绿地通常每块占地面积较小，在行列式住宅区宅旁绿地往往是细碎的长条形，位置处于住宅的四周及庭院内。影响绿地设计与建设的地下管线的环境要素较多，在设计中主要有以下原则：

①多样化原则。宅旁绿地较之小区公共集中绿地相对面积较小但分布广泛，且由于住宅建筑的高度和排列的不同，形成了宅间空间的多变性，应根据功能组织、地形地貌、外部环境、建筑等具体条件，营造富有变化和不同特点、丰富多样的宅旁绿地形式。

②私密性与领域性原则。宅旁绿地是住户使用频率高、较为私密性的区域，在设计中应考虑空间的私有属性，如通过密植树丛、树带、篱垣等围合空间。

③居住舒适性原则。宅旁绿地是室外空间向室内空间过渡的区域，在设计中应考虑室内空间的通风、采光等居住方面的要求，住宅建筑南向窗前以低矮灌木和枝叶疏朗的落叶中小乔木为宜，建筑物阴影区树种选择要注意耐阴性，保证阴影区域的绿化效果。

④观赏性原则。绿化是宅旁绿地最主要的景观元素，在设计中应充分利用植物的外形、色彩、体量、质感等景观设计元素，进行各种乔灌木、藤本、攀援植物、宿根花卉与草本植物的生态设计，要考虑四季景观观赏效果，观形、赏花、闻香与取色植物相结合进行植物配置。

3）组团绿地空间

组团绿地实际上是宅旁绿地的扩大或延伸，将宅旁绿地集中使用，便形成组团中心绿地。宅旁绿地大致可分为分散式和集中式两类：分散式一般布置在每栋建筑的前后左右，适用于行列式的建筑布局；集中式则尽量将有限的绿地集中使用，形成组团绿地，适用于庭院式或自由式的建筑布局，大部分小区都是尽量将二者结合使用。

（1）组团绿地的功能

居住小区组团绿地作为组团居民集体使用的可以增进居民之间交往和提供户外活动的场所，是居住区内居民最经常使用的一种环境景观空间，也是邻里交往的主要场所，尤其是儿童游戏、老人聚集的重要场所，是小区中主要的半公共景观空间。

（2）组团绿地的设计

组团绿地应结合居住建筑组群布置，服务对象为组团内居民，多以老年人和儿童为主，主要是为居民提供就近活动的场所，通常是直接靠近住宅的公共绿地，也是步行距离最短的活动场地，应具备基本的休息和儿童游憩设施。组团绿地的面积不低于 $0.04 \ \mathrm{hm}^2$，宜为 $0.1 \sim 0.2 \ \mathrm{hm}^2$，组团绿地的服务半径一般为 $80 \sim 120 \ \mathrm{m}$，最大不超过 $150 \ \mathrm{m}$，步行 $1 \sim 2 \ \mathrm{min}$ 可到达。

①系统性原则。组团绿地与公共绿地一起构成了居住小区景观体系的骨架，应遵循系统设计的原则，展现居住小区整体设计主题与风格。

②人性化原则。组团绿地的最主要使用对象是儿童和老年人，应结合他们的心理和生理特点，人性化地满足这些特殊人群的游憩要求，合理组织各种活动空间、季相景观。

③场所多样性原则。组团绿地可展开的行为活动较为多样，不同活动内容应有与之相应的不同空间场所与绿化形式。如晨练、健身等活动场所，种植庇荫效果好的落叶乔木，保证足够的活动空间；交谈、赏景、下棋等安静活动处，种植一些树形优美、色彩宜人、季相构图明显的树木及花卉；在儿童活动区，选择色彩明快、耐踩踏、抗折压、无毒无刺的树木花草为宜。

（3）小区组团绿地实例分析

在前述上海市浦东某高档居住小区规划案例中，在各组团空间中设计了不同园林风格的组团庭院绿地，如强调秩序与整体结构性的法国式庭院、以花台与跌水为主要造景元素的台地式意大利庭院、突出静谧祥和氛围的日式茶亭庭院等（图2.12、图2.13）。

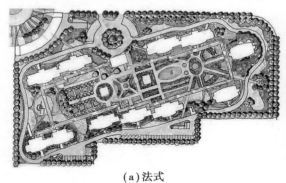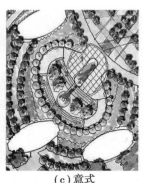

（a）法式　　　　　　　　　（b）日式　　　　　　　（c）意式

图2.12　上海浦东某居住小区庭院景观平面图

（a）日式　　　　　　　　　（b）意式　　　　　　　（c）法式

图2.13　上海浦东某居住小区组团庭院绿地景观

4）配套公共服务设施附属绿地空间

居住小区内各类配套公共建筑和公共设施四周的环境景观空间称为配套公建所属环境景观，如商店、图书馆、俱乐部等周围的景观用地，还有其他块状观赏绿地等。其景观布置要满足公共建筑和公共设施的功能要求，并考虑与周围环境的关系。

5）道路绿地空间

居住小区道路绿地是居住小区内各级道路两旁的绿化用地，道路绿地与道路的分级、地形、交通情况等密切相关。

（1）道路绿地的功能

道路绿地是居住小区环境景观系统中的一部分，也是居住小区"点、线、面"环境景观系统中"线"的部分，对整个居住小区的环境景观起到连接、导向、分隔、围合等作用。通过道路绿地沟通和连接居住小区公园景观空间、宅旁绿地、配套公共服务设施附属绿地，使各级绿地形成一个整体。居住小区道路绿地具有通风、疏导气流、传送新鲜空气，改善居住环境小气候，减少交通噪声的影响，增加居住小区绿地面积、提高绿化覆盖率，组织景观与游览路线等功能。

（2）道路绿地的设计

道路绿地设计时，有的步行路与交叉口可适当放宽，并与休息活动场地结合，形成小景点。主路两旁行道树不应与城市道路的树种相同，要体现居住小区的植物特色，在路旁种植设计要灵活自然，与两侧的建筑物、各种设施相结合，疏密相间，高低错落，富有变化。道路绿化还应考虑增加或弥补住宅建筑的区别，有利于居民识别自己的家，因此在配置方式与植物材料选择、搭配上应有特点，取材多样化，以不同的行道树、花灌木、绿篱、地被、草坪组合不同的绿色景观，加强识别性。

2.2.3 居住小区环境景观空间体系

住宅区各类绿地的规划布局与形态应考虑区内外的联系，特别是区内宜形成一个相互贯通或联系的、空间上有层次性、景观与功能上有多样性的"点、线、面"绿地系统。环境景观中的点是整个环境设计中的精彩所在，这些点元素经过相互交织的道路、河道等线性元素贯穿起来，点、线景观元素使得居住小区的空间变得有序。在居住小区的入口或中心等地区，线与线的交织与碰撞又形成面的概念，面是全居住小区中景观汇集的高潮。点、线、面结合的景观系列是居住小区景观设计的基本原则。在现代居住小区规划中，传统空间布局手法已很难形成有创意的景观空间，必须将人与景观有机融合，从而构筑全新的空间网络。

例如，在前述上海浦东某高档居住小区规划案例中，规划了一条自社区西南角至东北角的直线形景观轴线，增强了景观的导向性，以中央公园为景观核心区域，散落设计若干组团景观节点，整体景观体系有主有次、有收有放，达到了点、线、面的完美结合（图2.14）。

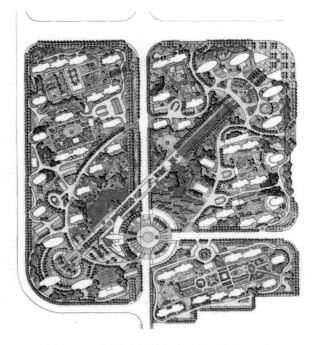

图 2.14 上海浦东某居住小区规划总平面图

课后复习思考

1. 居住环境空间的构成与类型分别是哪些?

2. 居住小区环境空间的主要使用对象及其行为特征是什么?

3. 居住小区公园绿地空间的布局形式主要有哪些?

4. 宅旁绿地与组团绿地之间的联系方式是什么?

3 居住小区环境景观
设计原则、方法和程序

[本章导读]本章内容共分2节,分别是居住小区环境景观设计原则、居住小区环境景观设计方法和程序。本章指出在居住小区规划层面,应该由规划专业与景观专业共同牵头,树立居住小区规划中的大景观和风景园林概念;在建筑设计层面,建筑师应该具备风景园林的意识和修养,与景观设计师共同完成建筑设计工作,充分考虑住户的景观并将总体规划阶段的景观构思在建筑设计阶段予以贯彻;在景观设计层面,深化从总体规划阶段形成的环境景观脉络,将园林景观设计落实。

3.1 居住小区环境景观设计原则

3.1.1 居住小区规划层面规划、景观、建筑的一体化思考

在居住小区总体规划阶段,要确定居住小区景观规划设计的总体构思。这一层面上的规划设计工作,应该是风景园林师和规划师、建筑师共同主导,互相协调,共同完成。

在居住小区环境景观规划设计中,应该树立大景观的概念。所谓大景观概念,是在居住小区环境景观规划设计中提倡城市规划、建筑学、风景园林共同参与的格局,形成在广义建筑学基础之上的景观规划设计体系和多专业共同协作的景观建设体系。

大景观概念应贯穿在居住小区环境规划设计的始终,然而对于不同的居住小区,景观的作用是不同的。在景观资源较好、对景观要求高的居住小区中,景观是起主导作用的规划设计因素,风景园林师是规划设计工作的主导,规划师和建筑师则作为规划的参加者协同工作。规划的核心内容,应当包括景观评价,视觉、行为分析,生态研究等内容。例如,城市重要景观地段居住小区、滨水居住小区、别墅区等,在居住小区环境景观规划设计中不能只从建筑角度来考虑布

局,应当从大景观的角度,按照景观的原则合理布局道路和建筑及其他附属设施,把景观资源充分调动起来并形成整体,使小区住户能最大限度地共享景观资源,从而提高地产的品质和价值(图3.1)。除此之外,对于其他类型的居住小区,在环境景观规划中也应引入大景观的思考模式,在建筑布局、路网规划、室外空间景观设计等各方面,都应从环境景观特色出发,对面临的各种问题提出完整的解决方案。

图3.1　香格里拉居住区景观布局

　　居住小区规划和居住小区环境规划设计是一整体密不可分。不能简单地把居住小区环境规划设计问题当作居住小区规划设计的子课题,因为环境规划和设计直接影响到居住小区规划设计成功与否。居住小区环境规划设计的优劣直接影响整个居住小区规划的水平,高水平的居住小区环境规划设计是高水平的居住小区规划设计的必要条件。

　　设计师要提高风景园林在居住小区规划设计中的主动性,赋予风景园林在规划设计中一定程度的主动权。应该认识到环境的重要性,要改变规划中重视实体空间、轻视绿色开敞空间的倾向;既要完成实体的规划,又要体现绿色空间的重要地位(图3.2);既要因为实体空间的需要对环境景观进行调整,也要因为环境景观的需要对实体空间进行改进,最终实现实体空间和环境景观都达到较高水平的目的。这种调整,应该成为一种风景园林与城市规划、建筑设计互动的机制,而不是风景园林对规划或建筑设计所产生结果的简单被动适应。

图3.2　南京云澜尚府小区内景观

2) 共生性

居住小区总体规划与小区景观的关系是相互的,建筑与景观环境互为图底关系,两者的关系在一个反馈环中相互影响,共同生长,即所谓共生性。

（1）居住小区布局模式

居住小区的布局主要通过建筑的布局来完成,建筑的不同组合排列形成了不同的小区布局模式。一般而言,居住小区的布局分为四种:周边式、行列式、点群式、混合式。

①周边式。建筑环绕园林的布局方式。居住小区的形态是围绕园林展开的,园林是形成居住小区环境向心力的关键。"四菜一汤"的模式形象地反映了中国居住小区 20 世纪 90 年代的特点(图 3.3)。如广州华景新城六期采用了周边布局的方式,形成了相对集中的居住小区园林景观和良好的居住小区内部空间(图 3.4)。

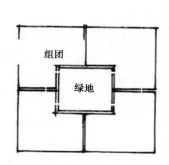

图 3.3 "四菜一汤"的小区模式

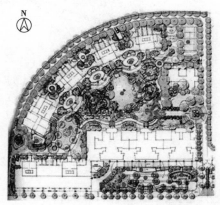

图 3.4 广州华景新城六期建筑布置图

②行列式。园林形成网格的布局方式。在行列式布局的居住建筑群中,往往采用园林形成网格的布局方式。其优点是所有住户能够获得良好的朝向;缺点是布局形式比较单一,缺乏变化(图 3.5)。

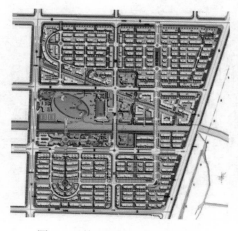

图 3.5 某居住小区建筑布置图

③点群式。建筑散点布局,园林环绕建筑。这一类型的布局将建筑溶解在园林之中,居住环境比较舒适。但由于我国地少人多,土地资源十分紧张,因此这种形式不能大规模地应用于住宅区规划设计之中(图3.6)。

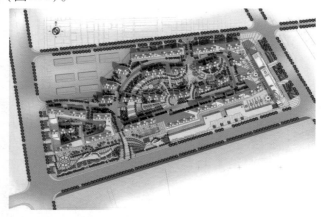

图3.6 上海某小区总平面图

④混合式。同时采用两种或两种以上的布局方式,形成多变的居住小区规划形态。这种布局方式有利于根据地形、山水布置建筑,形成多元的居住空间,从而导致多变的环境景观的出现(图3.7)。

(2)居住小区环境景观的结构模式

如果以环境景观为主体,以建筑为背景,那么居住小区中的景观环境结构模式可分为以下三种:

①链状布局模式。在用地比较狭长的居住小区中,有时会采用链状的园林结构。链状结构的优点是空间序列明确完整,主次关系比较分明,但点与点之间只是上下两方面的联系,整个居住小区空间的系统性相对减弱,相隔的园林核心间的相互关系弱(图3.8)。

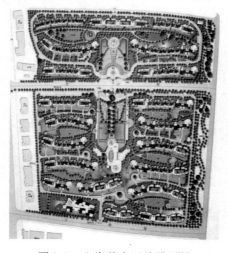
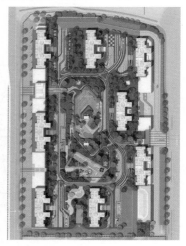

图3.7 上海某小区总平面图   图3.8 北京某小区总平面图

②树状布局模式。树状布局模式是一种主次关系清晰的布局模式,形成逐级递减的居住小区园林空间。一般是从主景观到组团中心景观再到近宅景观,形成从主干到次干到次枝的结

构。树状布局模式的缺点是微循环关系可能不良。广东中山星辰花园采用的基本是树状的居住小区布局形式,一组组建筑就像树枝一样从主要道路发散出去,形成鲜明的树状空间结构(图3.9)。

图3.9 广东中山星辰花园总平面图

③网状布局模式。网状布局模式较树状模式而言,空间结构的层次性有所减弱,空间带有含混的特征,但这种特征又进一步丰富了居住园林空间的形式与内涵,易于形成多元化的居住小区园林空间。当一部分园林空间的使用受到限制或影响时,附近的空间能够很快起到代偿作用,且园林空间的整体功能好。这种空间形式应该是未来居住小区,特别是有一定规模的居住小区环境景观的主要空间形式(图3.10)。

图3.10 广州某小区总平面图

3)融合性

所谓融合性即注重居住小区环境景观与周边环境的融合,明确居住小区环境景观与周边环境的关系,使居住小区与周边环境达到和谐和最佳(或较好)功能水平。居住小区环境景观必须与附近地区的环境融为一体,成为具有一定结构和功能的完整整体,形成绿色植物系统的体系,而不是独立于周围的环境、封闭地建设的。既要把居住小区环境景观对整个地区的意义体

现出来,同时又要充分利用居住小区以外的环境资源为本居住小区居民服务,以形成内外贯通的居住小区环境景观发展模式。例如,有的居住小区邻近城市的儿童公园,在居住小区环境景观的规划设计过程中,就要对这一因素加以考虑,在居住小区环境景观中就可酌情减少儿童活动区,避免浪费。又如,有的居住小区靠近城市绿带,如何更好地利用这样有利的条件,就应当成为规划设计中重点考虑的问题。再如,有的居住小区邻近城市河湖,有很好的外部水景可以借用,在区内就可以不设水体。总之,要将居住小区环境景观与所在城市环境结合起来。

3.1.2 居住小区建筑设计层面建筑与景观的互动

在居住小区总体规划层面已经大量地涉及建筑问题,例如,居住小区是以高层住宅为主,还是以多层或是低层为主,是以条式、板式住宅为主,还是以点式、塔式为主,等等。总体规划层面中涉及的建筑问题,总的看来是比较宽泛的,而建筑设计层面中涉及的建筑问题则具体了很多。在研究建筑设计层面的居住小区环境景观规划设计时,仍然要牢牢把握建筑与景观的结合,要研究怎样的建筑能够获得更好的环境景观,怎样的环境景观能与建筑更好地结合。

1)互动性

在研究建筑和景观时,首先应该确立一种关系,即建筑与景观的互动关系。在城市规划层面、居住小区总体规划层面,要形成一种双向互动的机制,要打破规划和建筑的单向决定的规划设计方式,形成从规划到建筑、再从建筑到规划,从规划到景观、再从景观到规划,从建筑到景观、再从景观到建筑的反复多次的专业间的互动过程,从而实现规划、建筑、环境景观的共赢。在建筑设计层面上,同样要体现建筑同环境景观的互动关系,从而使建筑具有良好的风景,景观具有良好的建筑空间(图3.11)。

(1)与环境景观相协调的居住建筑设计

在总体规划层面上,已经初步解决了建筑与景观之间的总体关系,在建筑设计过程中,要充分理解这种总体关系,并在具体的设计层面中体现这种总体关系。居住建筑设计中,要充分考虑总体规划中对于环境景观布局的总体思路,充分考虑景观场所的服务范围和服务对象,从而选择合适的建筑形式(图3.12)。

图3.11 万科棠越小区内建筑与景观

图3.12 与环境景观相协调的居住建筑形式

（2）从建筑到景观和从景观到建筑

建筑设计层面的设计过程并不是单纯的建筑设计，在建筑设计的同时要考虑环境景观设计，并与景观进行反复磨合。这就需要一种从建筑到景观，再从景观到建筑的反复过程。风景园林师的参与是这种反复过程的必然结果。在设计过程中，根据建筑设计的情况来调整景观规划设计，似乎已经习以为常。但是，根据景观规划设计的情况，适当地对建筑进行调整，同样也十分重要。因为这种调整有利于整体的环境景观的实现，也有利于建筑获得良好的景观。随着居住水平的提高，以及由此而带来的对居住环境景观重视水平的提高，这种根据环境景观的要求来调整建筑设计的设计方法会更多地被接受，并成为规划设计的重要过程和步骤（图3.13）。

图3.13　南京某小区住宅区

①从建筑到景观。这是从建筑设计的角度对景观提出的要求和景观对建筑进行适应的过程，这种情况很多见。例如，从居住建筑套型布置的角度，对不同套型的景观提出的不同要求进行研究。如居住小区中面积最大的套型，应该有很好的景观作为该套型住宅的主要对景，使住宅有很好的视野，或者将居住小区范围内自然环境中最好的部分给予这一建筑。而且，这样的住宅应该有更加方便的可到达的活动场所与住宅相配套。这些要求都要通过对环境景观规划设计的调整加以实现。

例如，北京星河湾B2户型住宅（图3.14），客厅和次主卧室面向北侧的小区景观，获得良好的景观，而主卧室和餐厅等房间朝向南侧，获得良好的朝向，从而通过景观手段改善了居住水平。这样的建筑设计对环境景观规划设计提出了要求，即北厅要面对优美的风景。因此，在星河湾居住小区中，设置了宽阔的住宅北侧花园，精心组织了景观。

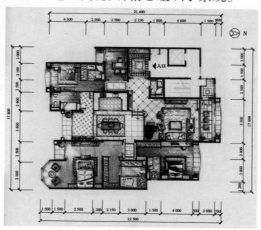

图3.14　北京星河湾B2户型平面图

又如,对于户型相对较小、户数相对较多、人口相对密集,或者居民比较年轻、儿童比较多的住宅,要充分考虑其室外活动空间和景观,使就近的活动场所更适应人口、年龄的特点。通过环境景观的处理,形成较好的生态环境,使高密度楼栋也能获得很好的环境。

从建筑到景观的过程,一个重要特征是具体的建筑设计与景观规划设计间形成深入结合。这种结合,不仅仅是从建筑总平面图或屋顶平面图的深度对环境景观进行研究,而是要深入到每一户的套型和立体套型关系的角度,对风景获得进行研究。

②从景观到建筑。仅仅有从建筑到景观的过程还远远不够,规划设计中还要完成从景观到建筑的过程。一方面,从环境景观总体布局的角度,会对建筑的设计提出要求。另一方面,景观的布局,也直接影响到建筑的设计。因此,提倡这种再从景观到建筑的双向互动的规划设计体系。

根据环境景观构思,需要调整建筑布局的几种情况:一是对宏观建筑布局形态的调整;二是对局部建筑布局形态进行调整;三是改变建筑的类型,如从塔式建筑调整为板式建筑;四是对建筑的间距、形状等进行微调以适应环境景观的需要。这种对建筑进行的调整,从形式上看是适应景观的需要,但在很多场合下也是为建筑营造更好的景观的需要。这实际上也是为综合解决景观所表现出的各类矛盾所进行的调整。

例如,某居住小区的建筑(图3.15),原来是采用行列式和周边式布局的南北向建筑群。但在景观规划设计过程中,考虑到中心花园做成圆形更有利于形成具有视觉中心作用的中心景观,且圆形景观对周边的辐射作用较好,因此,风景园林师提出将中心花园做成圆形,并要求建筑师更好地处理建筑与中心景观的关系。于是,建筑师对原有规划进行调整,将环绕中心景观的建筑,由完全南北向条形布置,调整为圆弧形向心布置,从而使中心花园周围的住宅与花园更好地结合,使周围的住户都能朝向花园的中心。一些住宅,虽然套型的朝向不是正向,但却获得了良好的景观。而中心花园和周围建筑形态的变化,又打破了常规的行列式住宅布局所产生出的单调的条形宅间景观空间,形成了面积较大、相对集中的宅间绿地,获得了良好的效果。

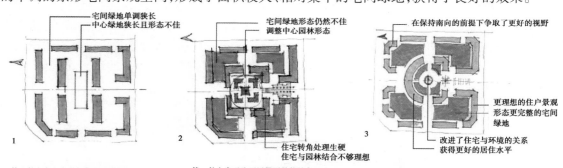

图3.15 某小区规划从建筑到景观再从景观到建筑的反复过程

（3）建筑与景观的统筹安排

统筹安排,即要打破建筑师单纯埋头做建筑设计的情形,建筑师的心目中一定要有景观和风景的观念,并在建筑设计过程中融入这种观念;还必须打破风景园林师单纯埋头做景观设计的情况,风景园林师心目中一定要有建筑的观念,并在规划设计的过程中融入这种观念。

建筑设计师与风景园林师两者之间的协作,特别是设计过程中相互适应的反复过程十分必要。要反对仅从总平面图对景观进行研究和推敲的做法,风景园林设计师应当充分研究建筑设计的方案,建筑师也要充分研究环境景观设计方案。景观设计对建筑方案的研究,并不局限于对总的形体的研究,而是要深入到套型、房间,甚至可以就建筑设计中的景观问题对套型、房间提出景观方面的见解,这样的景观设计才是深入的。

2) 风景性

(1)风景之于居住建筑

风景对于居住建筑来说是至关重要的内容。"看得见风景的房间"成为住宅规划设计以及建筑师和风景园林师的重要追求。景观住宅已成为一种潮流,这种潮流反映了景观和居住建筑结合的趋势,也表明了风景之于住宅的重要意义。住宅品质的进一步提高,已经不单单是建筑专业所能解决的问题,在风景中对住宅品质进行进一步提高已经成为一种趋势。风景正在成为居住的重要要求,这就要求居住建筑设计和风景园林的深入结合(图 3.16)。

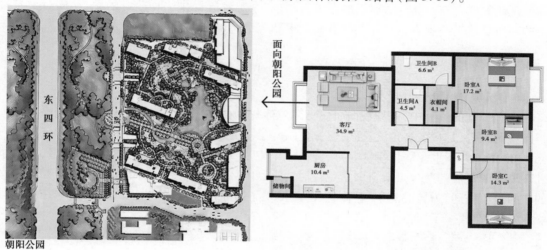

图 3.16 北京观湖国际总平面图和面向朝阳公园的户型平面图

(2)互为风景的建筑与景观

居住小区景观和建筑,不仅在空间上存在互补性,形成对立统一的相互关系。从风景的意义上讲,两者也相互成为对方的风景。在建筑中,居住小区景观是重要的风景对象,成为重要的窗外风景;在环境景观中,建筑是与景观成为一体的风景中不可分割的组成部分,是环境景观中重要的欣赏对象。这种互为风景的关系,给建筑与环境景观一个特殊的结合点。这一结合点,从风景的角度,将建筑与景观结合在一起。

①作为风景的居住小区环境景观。居住小区环境景观除了改善生态环境,为人们提供游憩活动的场所之外,很重要的功能就是为居住环境创造优美的风景。居住小区的美学价值应该在居住小区规划设计的各个环节加以落实,在城市总体规划层面、居住小区总体规划层面、建筑设计层面、风景景观层面上,都要贯彻对美追求的思想。居住小区景观环境,作为风景美的重要组成部分,对居住小区风景的形成有重要意义。首先,景观的美是人工美和自然美的结合,与建筑美不同,它更强调美的自然方面,即使是其中的人工美的部分,也往往以师法自然为追求。

②作为风景的居住建筑。建筑设计的重要原则是经济、实用、美观。其中，美观几乎是每个建筑师的追求，这种追求使建筑成为一种风景。在居住小区中，环境景观往往是以建筑作为背景而存在的，建筑也就成为居住小区风景的重要组成部分。由于居住小区中，欣赏建筑的视角呈多样化趋势，就对居住小区建筑的设计提出一些要求。首先是打破建筑主次立面的概念。在临街道的建筑上，往往区分主要和次要的建筑立面，对临街立面更加重视，而对背立面则可以适当放松。而在居住小区中，建筑的 4 个立面都在居住小区环境的形成中起重要作用，都是构成居住小区风景的重要因素，都要加以重视。其次，要形成多样的建筑界面。建筑界面的单一必然造成景观的单一。要形成丰富的建筑界面，一要丰富建筑群体空间形态，形成复杂的空间；二要改善建筑的形体，突破平直呆板的界面，形成有生气的形体空间；三要通过环境景观对建筑界面进行软化，形成舒适的建筑与环境的过渡空间。

③互为风景的建筑与景观。作为风景的居住建筑，必须和景观环境密切结合，共同构成居住小区的风景。实际上，居住建筑和居住景观环境互为风景，形成风景上实体与虚空间互补的关系。建筑和风景园林互为风景，实际上就打破了建筑与景观的截然分界，将建筑与居住小区环境景观研究融合在一起。从风景的角度，建筑和景观都既提供一种欣赏的视点，同时又是被欣赏的对象。建筑与景观也在风景的意义上得到统一。

3）渗透性

（1）建筑整体与居住环境的相互渗透

在建筑设计的过程中，充分贯彻居住小区总体规划的思想，形成建筑与景观环境整体的渗透与共生的关系，是从宏观角度着眼，研究建筑与景观的融合的重要问题。

例如，深圳共和世家居住小区，首层建设成架空层，在架空层中进行环境景观营造，获得了内外环境交错穿插的效果。架空层景观与居住小区内部环境景观相结合，形成了室内与室外交叉的中间过渡空间，为居民的生活、休息、游憩提供了新型的活动场所，同时增加了居住小区景观绿地的面积，改善了居住小区的环境景观（图 3.17）。

图 3.17　架空层中的景观营造

（2）景观向居住空间渗透

在景观环境向居住空间渗透的趋势下，许多住宅套型内部，设计了绿化空间，它们改进了户内的生活方式，形成了新的居住形态。常见住宅内部的景观空间主要有两类，一是在住户的单位入口处，设置入户花园，将接地住宅的入户花园的概念引入多、高层住宅；二是在高密度的条件下实现住宅入口的景观化（图 3.18）。

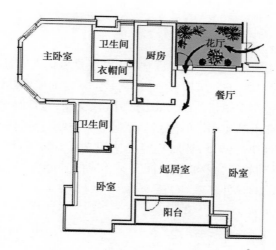

图 3.18 住宅的入口处设置花厅

3.1.3 居住小区环境景观设计的多重思考

1)整体性

从设计的行为来看,环境设计是一种强调环境整体效果的艺术。通过整个小区的空间组织、住宅建筑群体布置、绿化布局、整体色彩设计等,形成小区的整体形象。

（1）把握整体环境氛围

不同规模的居住小区,它们融入城市空间结构的方式也不相同。在城市中心地段,由于建设用地有限,居住小区规模一般较小,功能也相对单纯,建设强度比较高,不利于自然、宽松的室外环境的营造;但容易形成认同感、安全感较强的居住气氛,有利于塑造内向型的居住环境。小规模居住小区的景观设计应当注意与周边环境的整合,共同形成具有亲切邻里感的城市社区。在设计中和谐的环境应该是局部多样变化与整体完整统一,既有个性的表现,又有共性的一致。居住小区的景观建筑为城市景观的重要构成要素,应在风格、尺度上与周围建筑物相协调,坚持整体性原则,达到居住小区景观与整体环境风格的协调。

（2）营造整体识别性

居住小区在视觉层面上首先要具有形象的整体性,才能获得相应的可识别性。人们往往通过对环境的直接感知和对所感受的信息进行筛选后,获得总体印象的经验感知。美国学者凯文·林奇（Kevin Lynch）在《城市意象》（The Image of The City）一书中指出环境的"可意象性"来源于三个方面:可识别性、结构、含义。"可识别性"是"可意象性"的基础和保障,即对象表现出与其他事物的区别。因此,要想将居住小区作为一个独立的对象被认知,景观环境中的各个实体元素均应表现出形象上的完整性。对其意象的特征在于"内部的可识别性"和"外部的可参照性",具体表现为建筑、道路、绿化、景观小品等构成景观环境的各个元素风格的统一性、形象的连续性、色彩的协调性等。

2)实用性

小区户外环境的使用对象是特定的小区居民,是主要承载人们日常的休闲活动,这一特定的人群具有相对的稳定性,他们对小区环境的使用是经常性而非偶然性的。小区环境所要承载的活动也是与居民日常生活密切相关的,如散步、小坐、交谈、儿童游戏、晨练等活动,因此,在居住小区的环境设计中应突出其实用性的原则。把握这一原则,在居住小区环境景观设计中注重对居民使用意愿和行为规律的调查,针对特定的使用人群及特定的主题。在活动项目确定以后,根据人们参与这些活动的行为及心理特征安排相应的功能空间,通过空间的合理组合形成能满足各类日常休闲活动的户外环境。

3)舒适性

居住小区景观设计的舒适性着重体现在通过各个感官的刺激与调动,让居民体验轻松、安逸的居住生活。优秀的居住景观不仅是停留在表面的视觉形式上,而是从人与建筑协调的环境关系中孕育出精神与情感,以优美的景致深入人心。决定居住小区景观舒适性的要素有以下五个:

(1)规划布局

规划布局上,运用场地知识规划出结构清晰、空间层次明确的总体布局,这将直接决定居住景观的舒适性。规划布局的形态要以人为本,符合居民行为轨迹,常见的有向心式布局、围合式布局、轴线布局、隐喻式布局、片块式布局、集约式布局。丰富的景观依赖于规划布局所创造的功能合理、内容多样的外部空间。这个虚空间是居民活动的场所,是人们观赏景观的位置所在。

(2)住宅本体

影响住宅本体舒适性的因素有体量、尺度、结构、细部、色彩等多方面。住宅的体量是其内部空间结构的反映,它因多层或高层的变化、单体与群体的组合而有大小之分。住宅应有宜人的尺度,满足居民对"家园"的情感追求。在我国的住宅形式中,单元组合型的集合住宅占较大的比重,所以居住区在景观上呈现出一种连续的韵律。

(3)道路设计

居住小区道路的设置分为不同的级别,有居住小区级道路、小区级道路、组团级道路、宅间小路和园路等。作为居民生活领域的扩展,道路景观具有动态、静态的双重特性。在居住区规划设计中,各级道路分级衔接,组成良好的交通组织系统,能构成次分明的空间领域感。步行道路空间的尺度通过道路两侧的建筑、绿化、小品来控制,从而取得较强的领域感;有些住宅区利用地形高低落差形成步行桥,能够开阔视野,并可眺望风景。车行道路则要关注两侧景观的连续性。在适当的距离内,住宅布置要有变化,创造小的开放空间,使人的视域内的建筑形态在统一的韵律中不断有对比和变化出现。

(4)环境设施

环境设施是居住环境重要的景观构成要素,具有实用的功能和观赏性,能为人们的室外生活提供舒适性保障。这些环境设施包括休闲设施、儿童游乐设施、灯具设施、标识指引设施、服务设施等。若精心设计,则会有利于创造出和谐的环境景观。如儿童游乐场是居住区公共设施系统重要组成部分,在设计时需要考虑到游戏设备的丰富多样、场地的宽阔,位置上与住宅入口

就近,场地上避免交通车辆穿越,低龄儿童和高龄儿童游戏区应尽量分开布置,提供可看见整个场地的长椅。老年人活动场地要考虑到老年人生理需求,活动场地景观设计需充分考虑采光和照明,增强物体的明暗对比和色彩亮度,创造较为近距离的交流空间,还应该注意地面防滑处理,地面尽量平整、少高差变化,场地需要有无障碍设计,高差变化处及台阶坡道端头应该设置警告标牌。

（5）庭院绿化、小品景观的设计

居住小区绿化是提高住宅生态环境质量的必要条件和自然基础。绿化景观的营造也是住宅区总体景观中的权重因素。庭院是住宅和交通之外的所有外部空间,其类型有以活动为目的的广场,有以观赏为目的的花园,此外还有水体或泳池等设施。广场、花园主题的合理选取与风格的适度把握能够影响整体环境的视觉舒适性。庭院可以为居民提供较为宽敞的交往空间,有利于引入自然的气息。合理的树木体量和位置选择有利于保护住户的私密性;根据四季变化栽种树木可给人以季节感;利用木土、石、水等天然元素,给人以安逸轻松感。

4）生态性

回归自然、亲近自然是人的本性,也是居住小区景观设计的基本原则。美国著名的景观建筑师约翰·奥姆斯比·西蒙兹认为:"应把山、峡谷、阳光、水、植物和空气带进集中计划领域,细心而又系统地把建筑置于群山之间、河谷之畔、风景之中。"具有生态性的居住景观能够唤起居民美好的情趣和感情的寄托,从而达到诗意的栖居。

①要考虑当地的生态环境特点。在其基础上对原有山水地形、植被、建筑等要素进行保护和利用。充分尊重所在地方的自然资源和传统地方文化,最大限度地保护环境要素;在设计上把保护基地上的自然和人文环境作为基本出发点;适应场所自然过程,尽量应用当地建材和植物材料。

②体现生物多样性的生态理念。多样性维持了生态系统的健康和高效,应尊重各种生态过程和自然的干扰,创造可持续的、具有丰富物种和生境的人居环境。

③要进行自然的再创造。即在充分尊重自然生态系统的前提下,发挥主观能动性,合理规划人工景观。不论是在住宅本体上或是居住环境中,每一种景观创造的背后都应与生态原则相吻合,都应体现出形式与内容内在的理性与逻辑性。

④要重视现代科学技术。尽量利用自然能源,了解高效率的新材料、设备,寻求适应自然生态环境的居住形式,提高居住环境的物质条件,创造出整体有序、协调共生的低碳绿色的良性生态系统（图3.19）。

5）人文性

（1）人文的价值

人类依照自身的需求对天然环境中的自然和生物现象施加影响,从而使景观打上了人文的烙印。设计居住环境,离不开住宅所在地区的文化脉络。居住景观是其所在城市环境的一个组成部分,对创造城市的景观形象有着重要作用。同时居住景观本身又反映了一定的文化背景和审美趋向。重视居住景观设计的人文原则,正是从精神文化的角度去把握景观的内涵特征（图3.20）。

图 3.19　某小区的空中花园　　　　　　图 3.20　打上了人文烙印的景观

（2）人文的体现与营造

①坚持以人为本，体现人文关怀。以人为本就是要让环境景观的主体舒适和惬意。相对的，曾有不少小区实际上是以景为本，只重视景观观赏作用，如雕塑、喷水池、西式柱廊矗立在公共绿地中，挤占面积，使实际绿地面积很局促，又如，有些大面积草坪被定为欧式景观基调，绿地内鲜见林荫，难以使用。经历了只重景观、忽略景观绿化主体的以景为本的设计思路之后，环境景观的设计开始向重视住户的参与性回归，如景观绿化所创造的环境氛围充满生活气息，景为人用、以人为本。

②体现地域文化。保持地方文脉的延续性，把地域文化融合到现代文明之中，塑造出富有创意和个性的居住小区景观空间；创造出良好的文化氛围并营造出归属感。

如上海在原有居民居住模式的里弄建筑基础上建造的新里弄建筑模式；北京构筑新四合院的形式；江南采取低层建筑布局、粉墙黛瓦以及传统造园手法，体现江南水乡的古朴、淡雅的特色。这些都是延续传统文脉的方法。

例如，合肥和庄住宅项目（图 3.21）采取了围合组团的布局方式，空间层次与当地的文化脉络相结合，形成有序的平面展开，展现了鲜明的人文风情；并吸收了徽州民居的建筑元素，形成了独特的本土加现代风格。北京的庐师山庄项目，产品定位为院落式住宅，用现代人的居住理念对传统四合院建筑元素中的胡同和院落做了很好的诠释；将传统四合院空间形态，与外来的联排住宅形式有机地结合，实现了中国传统民居形式与现代生活方式的水乳交融，满足了现代人寻求历史居住文化的精神取向。

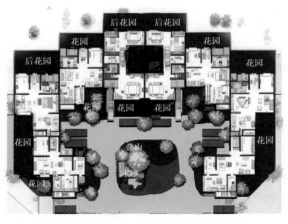

图 3.21　合肥和庄的一组联排别墅住宅

6)可操作性

居住小区景观设计的可操作性主要体现在以下几个方面：

根据地域自身的经济条件和技术水平条件，顺应市场发展需求，注重节能、节材和合理使用土地资源；提倡朴实简约，反对浮华铺张和过分追求为景观而景观及"大"而"空"的片面倾向；有针对性地采用新技术、新材料、新设备，有效地完善、优化居住环境，以取得优良的性价比。材料的选用是居住小区景观设计的重要内容，应尽量使用当地较为常见的材料，体现当地的自然特色。环境景观的设计还必须注意运行维护的方便。常出现这种情况，一个好的设计在建成后因维护不方便而逐渐遭到破坏。因此，设计中要考虑维护方便易行，才能保证高品质的环境历久弥新。

3.2 居住小区环境景观设计方法和程序

3.2.1 调研分析与主题定位

1)居住小区在城市中的分区与定位

对居住小区在城市中的位置加以研究。首先是区位与城市的关系，明确居住小区是属于城市中心改造建设型居住小区，还是城市边缘地带居住小区，或是城乡接合部居住小区，抑或是城市近郊区城市花园、城市远郊区居住小区项目。居住小区在城市中处于怎样的人群集中区域，主要人群的收入状况怎样，居住小区的土地价格情况，居住建筑计划单价情况等。

明确居住小区的定位，包括价格定位、居民定位、环境定位等方面。明确居住小区所在区域与城市其他区域之间的关系，包括城市交通系统中居住小区所在区域的情况，与其他区域的沟通与联系方式等。研究居住小区与城市中心、城市次中心、卫星城和新城等的布局关系，明确与上述城市中心、次中心、卫星城的交通联络方式。

研究居住小区所在区域，与城市自然地理环境的关系。如研究居住小区及所在区域与城市河流水系的关系，居住小区及所在区域与城市周围及城市中山地、丘陵等地形的关系等。研究城市风、城市热岛，城市大气污染、水体及其他污染对居住小区及其所在区域的影响，评价居住小区及所在区域环境状况。研究城市植被的分布状况、乡土树种情况，以对居住小区环境景观规划设计作出指导。

比较城市中其他居住小区的环境状况和居住情况，了解其影响因素，如人口组成、收入水平对居住小区和居住小区环境状况的影响，比较这些城市中其他居住小区及其环境的优点与不足，以进一步明确本居住小区的环境规划设计发展方向。了解人均居住面积水平，并对城市典型居住形态进行调查。

总之,要完成城市居住小区在城市中的定位工作,从城市的宏观角度对居住小区环境景观规划设计进行定位。有了明确的定位,才可能找准自身位置,选择恰当的切入点来完成居住小区环境景观的规划设计。应该形成这样一种思路:不同城市应该有不同的住区环境景观规划设计。

2) 对周边环境的调研分析

从城市宏观角度切入后,还要对小于城市宏观环境的周边环境进行深入研究。这主要是对周围自然环境的分析研究,其中包括对山水等条件的分析,研究这些条件是否有利用的价值,以及可以采用哪些利用方式。例如,天然的水域是否能够利用,自然的河流是否能引入,海景是否能作为居住建筑的主要景观,地形的高低起伏能否用于居住环境的营造等。如深圳万科十七英里项目,充分利用了海边山地的优美自然风景,依大海而建,形成了卓越的居住品质(图 3.22)。

图 3.22　深圳万科十七英里海景住宅区

①应了解周围用地情况,如居住小区周围地块的用地性质、配套设施情况、今后的规划情况、未来的发展设想等。

②应了解周围的环境景观情况,如是否有已经建成的公园绿地,是否有保留的自然植被等。

③应了解周围居民的情况,如周围地块的居民是以城镇人口为主,还是以农业人口为主,他们的居住、就业等的状况等。

对周边环境的现状与规划情况进行分析与研究,特别是对周边区域未来发展的研究,对居住小区环境的规划设计,有重要的意义。

3) 居住小区环境景观设计主题定位

现代居住小区的开发往往有较明显的项目风格及设计定位,景观设计介入时首先应该对其设计风格及定位进行整理分析,不同的居住小区设计风格将产生不同的景观设计手法。景观设计应通过对定位风格的研究来确定相应的设计语言,通过不同手法进行景观设计。如现代风格的住宅适宜采用现代景观设计手法,地方风格的住宅则适宜采用地方及传统的景观设计手法。对设计定位的把握,其实也就是对于其场所精神的理解与把握。

人们在居住小区营造的是一种场所精神,即认定自己属于某一地方,这个地方由自然和文化的一切现象所构成,是同一环境下栖居于同一地的人们通过认同于他们的场所成为一个社会共同体。而营造场所精神的目的是认识、理解和营造一个具有意义的日常生活场所,一个"人"居住的真实空间。场所由两部分构成,即场所的性格和场所的空间。空间是构成场所现象的基准组织,场所性格则是所有现象所构成的氛围。居住小区景观设计就是将场所的性格及空间互相结合,通过各种设计手段表现出来。通过景观设计使人们认定自己属于某一地方,因此项目主题的确定是首要的一环。

可通过特色的环境空间设计提供现代人居活动的需求。如上海香梅花园的景观设计定位:在现代的居住小区中引用了古代士大夫的园居活动——"九客",即"琴、棋、禅、墨、丹、茶、吟、谈、酒"。古代文人名士流连于宅园间赏花、煮酒、煎茶、论诗,何等风雅闲适。这份风雅闲适正是当今奔波于钢筋混凝土丛林和虚拟网络世界之间的现代人所缺少和憧憬的,所以选取"九客"为主题进行小区高层宅间绿地景观设计,形成各具特色的景区,与中心绿地的"花之间"相对应,它们分别是"琴之间""棋之间""禅之间""墨之间""丹之间""茶之间""吟之间""谈之间""酒之间"(图3.23)。除了设置与主题相对应的硬地空间和景观构架外,在植物景观上也予以强化,如"茶之间"大量运用山茶,"墨之间"选择了墨兰、墨竹、墨梅等色彩素雅的植物,"禅之间"选用了杜鹃、罗汉松、青梅等。

确定主题立意,是环境景观规划设计的重要步骤和内容,主题的确定将为环境景观的规划设计提供思路。如广州万科四季花城的环境景观,以四季的景色变化对应"四季"二字,以植物对应"花"字,环境景观就成为居住小区规划的主题(图3.24)。确定主题后以"湖畔花街"作为中心景观来对"四季花城"的主题进行表达,并通过特设的"情景洋房",解决了在不减少室内面积的前提下,保证每户有宽敞的花园或露台的技术问题,形成了"户户带花园或露台"的住宅,每户有天有地,实现了人与自然环境的交融,很好地诠释了"四季花城"的主题。

北京观唐别墅,确定了建设中式宅院的基本理念,以形成独树一帜的规划设计风格。观唐的景观风格和院落空间都极力向中国传统回归,其院落内的环境汲取了传统四合院布置的精华,又结合现代别墅功能和使用要求有所创新和改变,形成了独特的景观风格(图3.25)。

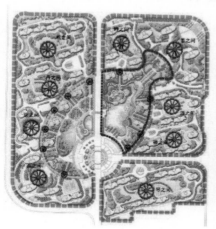

图3.23　上海香梅花园总平面图　　　　　图3.24　广州万科四季花城总平面图

昌平北七家镇的北京渡上别墅以"几何"为主题,追求建筑和环境的几何形态(图3.26)。首先是形成多重几何形态的贯通,讲究空间之间的流通性,使建筑的意义得以延伸,达到室内即是室外,庭院即是自然的境界。在规划设计中保留了原有的地形,形成多重几何叠错的空间。还设计有几何下沉的多层叠错式的庭院,形成了居住小区和环境的特色。

图 3.25　北京观唐别墅

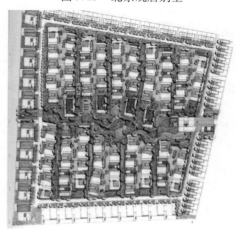

图 3.26　北京渡上别墅总平面图

3.2.2　行为研究与功能分区

在设计中充分体现以人为本的宗旨,创造符合现代生活模式,适合各种人群行为及心理需要的室外休闲活动场所和交往空间。对人群行为的研究,包括活动者与伴随的活动空间环境的研究,量与形、空间与时间界限、形态特征的研究等,是创立任何空间环境的基础。

1)行为研究

园林景观环境设计首先要符合国家的规范及法律法规,规范是人性化设计的最低标准。然后必须同时兼备观赏性和实用性,做到绿化景观与环境功能相结合,强调与提高居住环境的使用性、活动性、安全性、文化性、发展性,从而发挥最佳的生态效益、社会效益和经济效益。

小区中人群行为的形成一般包括以下四个过程:若干个体聚集在一起为某一共同注意的目标而相互交往,相互影响;受到某种特殊鼓动;产生情感上的共鸣并出现极化性的倾向;产生为实现共同目标的行动。

①不同人群有不同的需求。清晨,参与晨练的中老年人居多,应有就近方便的活动场地及锻炼设施。上班、上学时段车流、行人流很大,在满足方便快速通过的同时,可以配以赏心悦目

的景观。随后,在小区中活动的主要人群是老年人、婴幼儿及照顾孩子做家务的人等,考虑他们的活动及交往的场地、设施就很重要(图3.27)。下午中小学生回来后,游戏活动的场所应适当远离住宅,减少对住户的干扰。有限的硬质铺装应具有多功能性,方便球类活动。晚饭后应有宜人的散步环境,并设置休息的小品等。

物质环境是阻碍或方便人们的有意向活动的一种手段。在居住小区的景观设计中,要对那些最常接触环境并与环境发生密切关系的人给予更多的关注。通过分析他们如何感知和感受场所,研究他们在一天中活动的踪迹,来评价一个场所,找出每个场所的关键功能,作为设计该空间内在和谐的支柱。

②不同时段人群有不同的需求。一个好的室外环境应与使用者的行为相适应。为了做到这一点,就要了解:居民是否有空间进行活动,地块大小如何,人的空间有无拥挤感,有无相应的设施和管理,各种环境因子能否强化基地的气氛和结构,隐藏及显露的功能有哪些,如有无足够的照明,等等。还要了解他们的各种行为:晨练、上学放学、上班下班,从小区大门到家怎么走,沿路看什么,与邻居在哪里交谈,散步、纳凉、倒垃圾、收寄快递、游戏,等等。处理好种种行为之间的冲突,提供较为优化的适应性设计。如做好容量控制、合理安排交通,考虑各空间的独立性及连贯性、各种设施操作的便捷性,考虑资源保护,以及采用弹性的规划程序。将以上各种因子之间的关系反复比较取舍,最终达到优良的适应性与适合性。

③设计中应注意人们在日常生活中的行为与环境的互动,如人们在推开门、走上台阶、入座时产生的行为对环境的要求。景观设计师通过观察及收集这些资料,将其运用到设计当中去,可以有效地体现对使用者的关怀。设计中还应注意避免出现易致人跌倒、磕绊之处,使人产生犹豫、相撞、退回的场所;还要尽量规避令人们产生明显不满、恐惧、沮丧等情绪的地方。良好的设计有助于人们的社会交往,设计师需要根据人们的行为特征合理地组织交往空间。如散步道过宽,使人们不易接近,适当收窄可以促使人们在礼貌避让的同时能够友善地打招呼,促进顺利地进行交往。

④兼顾公平,深化无障碍设计。老年人、儿童是绿地使用率最高的人群。我国正步入老龄化社会,北京、上海等一些大城市已率先步入人口老龄化。如何满足更多的老年人的活动需要,给老年人、儿童创造足够多的活动空间,如何创造易于老年人、儿童使用的景观环境是每个景观规划师所不能忽视的。让行动不便的老年人及残障人士得到更好生活待遇,就要求无障碍设计不能只停留在表面形式上,一定要做到、做细(图3.28)。

图3.27 某小区儿童游乐场

图3.28 无障碍设计

2）功能分区

可以按动静、公私、开闭原则进行功能分区,进而调节人与环境的尺度与比例,以人性为出发点进行功能分区(图3.29)。

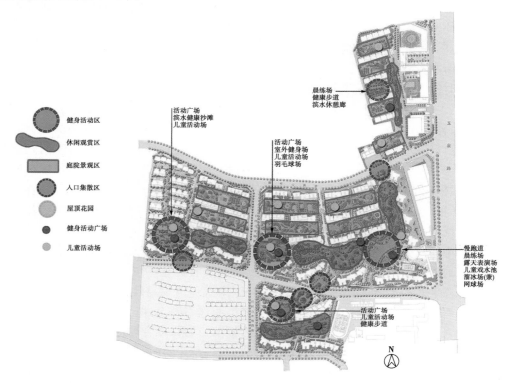

图3.29　玉泉新城居住小区功能分区图

强调住宅小区景观方面的功能分区时,应认识到某一功能使用可能在一定时间内变化,或者使用本身还具有可变性及复杂性的特点。这就要求在规划景观的功能分区时,要注意功能本身还有一定的可变性和多重性,或者是功能上一定的模糊性。有时过细的功能设置在使用上的变通性较差。也就是说,可弱化一点功能方面的设计,或者说加强景观多功能的设计。同时还要考虑不同季节、不同气候下的使用,以及有可能的功能变更,这样所设计的景观在功能上具有更多的弹性。

对景观的功能进行定义时,应多考虑老年人和小孩的需求(图3.30、图3.31)。老年人活动场地一般分为动态活动区和静态活动区。动态活动区应简单而宽阔,以供开展健身文娱活动。开放、生动、热闹的气氛能愉悦老年人的心情,增进邻里交往。考虑到老年人体力的特点,活动场地周围要设置坐凳、亭、廊,要有足够的坐憩空间,为老年人活动后的休息提供方便。另外,在活动场地中设置足够的辅助性设施,如扶手、坡道等,可鼓励行动不便的老人参与室外活动。静态活动区场地宜以疏林草地为主,活动空间位于宁静的区域,避免被主要道路穿越或位于主要人流聚集处。场地最好能面对优美的景观,考虑适当的采光和遮阴,如充分利用大树、户外遮顶等。

图 3.30　某居住小区一角　　　　　　图 3.31　某居住小区一角

　　儿童乐园最好建设在远离居住小区中心的地方,或者周围有相应的建筑阻隔,以减少场地噪声对周围居民的干扰。含饴弄孙是老年生活中的一大乐事,老年人活动场地也可以与儿童活动场地相邻布置,让老年人在看护儿童的同时也能互相交流。儿童活动场地要考虑到儿童的好动性情,场地里的各类器械、设施要符合儿童的尺度,铺装可以用彩色水泥、广场砖和塑胶。活动器械及活动场地附近应种植树冠大、遮阴效果好的落叶乔木,使场地及设施免受夏日灼晒,冬季亦能获得阳光。

3.2.3　设计要素的选择

1)设计要素的选择要体现的景观设计内涵

　　(1)确立以人为本思想

　　以人为本指导思想的确立是环境设计理念的一次重要转变,使居住小区环境设计由单纯的绿化及设施配置,向营造能够全面满足人的各层次需求的生活环境转变。以人为本有着丰富的内涵,在居住小区的生活空间内对人的关怀往往体现在近人的细致尺度上(如各种园境小品等),可谓于细微之处见匠心。

　　(2)融入生态设计思想

　　生态设计思想的融入将城市居住小区环境的各构成要素视为一个整体生态系统;使环境设计从单纯的物质空间形态设计转向居住小区整体生态环境的设计;使居住小区从人工环境走向绿色的自然化环境。基于生态的环境设计思想,不仅追求美学效果,更要注重居住小区环境内部的生态效果。如绿化不仅要有较高的绿地率,还要考虑植物群落的生态效应,乔、灌、草结构的科学配置;水环境则要考虑水系统的循环使用等。

　　(3)强调可参与性

　　居住小区环境设计,不仅是为了营造人的视觉景观效果,其目的最终还是为了居者的使用。居住小区环境是人们接触自然、亲近自然的场所,居民的参与使居住小区环境成为人与自然交融的空间(图 3.32)。

图 3.32　引人逗留的宜人环境

2）设计要素的选择

（1）植物要素

针对城市居住小区的特点，在绿化形式上采用点、线、面相结合的复合绿化模式，最大限度地发挥绿地系统的实用功能。如增加立体绿化、垂直绿化和屋顶绿化，在提升景观多样化的同时，有效实现隔热、蓄水、净化空气等功能。可采用乔木下面种植灌木、灌木下面种植草花、地被等的复层绿化形式，并借助墙壁种植攀援植物，以弱化建筑形体生硬的几何线条（图 3.33）。

图 3.33　深圳万科四季花城内植物造景

在选择植物时，要以适宜本地生长的乡土树种为主，避免盲目引进外地的植物品种。应对规划居住小区内的土壤、气候、地形地貌等自然因素进行调查。如对原有土壤破坏程度进行分析，了解是否有部分建筑垃圾会被就地掩埋造成土壤状况恶化等情况。只有注意到这些细节，才能保证绿化植物的健康生长，实现预期的景观效果。在配置植物材料时，应按照自然、生态原则进行设计，通过明显的季相变化让人们感受到四季交替；在乔木、灌木、花草、地被植物科学搭配的基础上，根据小区规模对植物的碳氧平衡进行分析，规划合理的植物配置品种和数量，达到居住小区空气的碳氧平衡。

现代居住小区应重视屋顶绿化设计，屋顶绿化作为一种不占用地面积的绿化形式，其应用越来越广泛。其价值不仅在于能为城市增添绿色，而且能减少建筑屋顶的热辐射，减弱城市的热岛效应。屋顶绿化如果能很好地加以利用和推广，形成城市的空中绿化系统，对城市环境的改善是不可估量的。

（2）铺装要素

居住小区的铺装作为联系居住小区建筑物、景观构筑物等的纽带,其外观和材质首先要与居住小区建筑物的外观造型和材料质地相匹配协调。作为居住小区景观一部分的铺装,它与建筑物和景观构筑物的关系有两种:第一是作为陪衬,突出建筑和景观构筑物的造型;第二是增加铺装景观的视觉冲击力,弱化建筑和景观构筑物造型,转移人们的注意力。但无论是哪一种,铺装都有美化建筑和景观环境的作用,因此铺装与建筑物、景观构筑物的匹配非常重要。首先要选择好铺装材料。如一个具有现代建筑和现代景观的居住小区,用现代风格的木质栈板或玻璃板铺装则匹配时代特征;一个典雅的别墅小区,人字形的小砖铺装能够增添静谧气氛;一个仿欧洲风格的居住小区,欧洲绣毯式花园铺装更能平添情趣。

铺装材料与居住小区的整体色彩、材质的和谐也很重要,无论一个居住小区的铺装色调多么柔和低调,因为它在小区的面积中占了很大比例,它对居住小区整体气氛营造的影响都不容忽视。各种天然石材、不同做法的混凝土,等等,在铺装设计选择材料时,要针对居住小区类型进行比较和试验,选出最合适的那一款(图3.34)。铺装材料的选择不能盲目追求时尚,如不考虑环境是不是合适,居住者用着是不是舒服,就采用流行的图面上美观的材料是不可取的。而实际上,居住小区的铺装是现实环境的一部分,它的功能除了视觉上悦人以外,其实用性、舒适性不可小视。

图3.34　某小区内道路铺装

（3）水体要素

古时就有将理想居住场所称为"藏风聚气"之地。人具有亲水性,水景设计是居住小区设计中的重要部分。常规的水体设计形态有两种:一是自然状态下的水体,如天然的湖泊、河流、池塘、泉水等,设计可接近的水域边界,提供参与性的动态景观。二是人工状态下的水体,如游泳池、水池、喷泉等,其侧面、底面均是人工构筑物(图3.35)。在水景设计中应根据居住小区实际情况灵活运用集中与分散的两种布局形式。居住小区原始地貌中若有天然湖泊、池塘等,可以借以设计集中式的水面,对水面的形状适当调

图3.35　深圳鸿景园小区内人工水景

整,塑造半岛、水湾,甚至水中设岛,形成有收有放、节奏灵活的水体景观。居住小区内若没有天然水体,可根据地势的变化分散设水景,用化整为零的办法设计若干小水面,各水面可互相连通,通过水的流淌产生曲折深幽的景致。

水岸设计要少用硬质的垂直驳岸,多用自然式坡岸,水生植物与自然河石衔接、过渡,如大大小小的石头、郁郁葱葱的植物,一方面软化丰富了水岸线,另一方面形成各具特色的景点。水景还要充分考虑人的参与性,因为水的魅力单凭远观是不能真正体验的。人们非常注重水空间诸多因素的完整体验,观水、听水、闻水、亲水并重。在确保安全的前提下,水景中可以设计戏水池,适宜儿童接触的浅水面、水雾等活泼的水景元素使小区内的儿童可以就近戏水,也方便家长看护。与水达到零距离的接触进行体验,在这个过程中,享受水的乐趣,活跃人的思维,使水体实现了社会价值和审美价值。

(4)景观建筑要素

景观建筑选择的原则如下:

①要符合居住小区主题整体风格。与一般居住小区相比,居住小区中的主题景观建筑在空间形态、立面效果、色彩材质以及局部装饰等方面应具有独特的个性与特点,但这种独特性的首要前提不是追求单体建筑的标新立异,而是与整个居住小区的主题整体风格互为协调。

②要满足休憩赏景的功能需求。居住小区户外环境中的景观建筑其主要功能是为居民提供活动、休憩、交流的场所,因而除了外观造型与主题整体风格呼应外,其空间尺度、功能特征在设计上应能满足居民的日常使用需求。

③要体现居住环境的主题意境。居住小区中的景观建筑是表达主题意境的重要途径,根据不同的立意定位,确定建筑在环境中的位置,选择相应的建筑形式,寓情于景、情景交融,综合体现环境的主题意境(图3.36)。

图3.36　深圳鸿景园小区内景观建筑　　　　图3.37　南京天鸿山庄小区内景观小品

(5)景观小品要素

景观小品要素选择的原则如下:

①要巧于立意。居住小区环境中的景观小品具有较多景观装饰意味,兼具一定实用功能。虽然体量上不如住区标志景观那样醒目,但景观小品往往是局部景观中的主景,应具有一定的意境内涵以增强感染力。

②要突出主题。景观小品由于实用功能上的限制较少,往往具有造型艺术和空间组合上的

独特美感,在活跃空间气氛、增加景观连贯性及趣味性上有着独特优势。具体设计时应在外在形态及立意构思上突出整体的主题特色及单体的工艺特色,以求从大体空间到细节局部营造主题氛围。

③要融于环境。景观小品不同于纯粹的艺术品,它的艺术感染力并非来自于其自身单体,而应该与所处的环境有机融合,实现人工与自然的浑然一体。

④要精在体宜。作为整个居住小区环境中的点景之作,景观小品在体量上一般力求与环境相适宜(图3.37)。

(6)环境设施要素

环境设施要素选择的原则如下:

①要规划布局合理。环境设施的布局应该根据设施本身功能和使用频率,结合住宅建筑、活动场所的分布,事先规划、合理布局。对易产生噪声的儿童游乐场地、运动场地应与住宅保持一定的间距,可结合景观绿地相对集中设置;使用频率较高的服务和休憩设施则应按需设置,保证合理的服务半径供居民日常使用。

②要体现主题特色。居住小区中的环境设施一般体量较小,居民日常接触频繁,如果设计得当,在主题居住空间中会起到画龙点睛的效果。通常居住小区中的环境设施大都采用成品定购的方式以加快营建速度,但出于营造主题整体氛围的需要,景观设计师应积极参与成品选型工作,对生产厂家提供的设施样品风格进行限定,以求切合主题效果。

③要符合使用需求。环境设施的设计需符合居民户外活动的特点和使用习惯,细节尺度体现人体工程学原理,选用材质应适合人体接触,减少使用过程中的不适感(图3.38)。

图3.38　某小区内环境设施

3.2.4　从构思到形式

1)概念性方案的提出

概念性方案的突出特点是抽象性、概括性,如摒弃具体、纷杂的现象,而直接追求规划设计方案中最本质的东西。在居住小区环境景观规划设计的过程中,要避免从规划设计的初始阶段就沉陷于纷繁的现象的做法,而要在总体关系上做最概括的研究。这里所说的总体关系,是对决定规划设计方向的规划设计要点的最单纯的概括,例如,环境景观与建筑布局的宏观关系,而不是具体的建筑布局和环境景观;又如,环境景观与周围环境之间的总体关系,而不是环境景观的具体设计;再如,环境景观的总体立意,而不是具体景点的布局,等等。

概念性方案的一个特征就是抽象性,即概念性方案可以用十分精练的语言和十分简洁的图纸加以概括,所追求的是规划设计的魂而不是形。随着城市居住小区环境景观的丰富,特别是居住小区向着多样化发展,周围和城市环境也日趋复杂,概念性规划设计的意义就显得更加重要。

2)概念性方案应处理好的关系

①总体与局部的关系,即城市环境与规划地区的关系。

②要解决规划设计最核心的问题,就是要抓住规划设计中的主要矛盾,并研究解决主要矛盾的方法。

③要概括地表达规划的主要思路,提出创意性构想。在比较过程中,要综合而不是个别地考虑环境景观与规划之间的关系,分别从多个方面考虑环境景观的问题。要实现规划与景观、建筑与景观的共赢,就必须协调好居住小区与周边环境、居住小区内部建筑与环境的关系。

3)选择最为恰当的构思方案使之转化成形式

每一种构思都有多种表现方式,要遵循"因地制宜"的设计原则,贯彻"经济、实用、美观"的思想,结合各种因素,综合考虑选择一种最为恰当的构思方案。下面以一些例子来说明如何从构思实现到形式的过程。

(1)水景

构思阶段:设计场地现状如何?已有或没有水源?一处水景,如瀑布、溪流、喷泉,或是泳池,哪种更能营造可观、可游、可戏的亲水空间,更受欢迎?假若选择泳池的方案,泳池该选用何种形式,何种形状呢?是否需要考虑泳池一般只是在夏天使用时才储水,其他季节都是无水状态,或者是四季都有储水?等等。

须结合整个大环境来做方案设计。例如,某小区圆形池底铺装有一朵盛开的百合花,与该花园的名字相呼应,也使泳池成为一道景观。从楼上俯瞰下来,波光粼粼,池中传来小孩的欢笑,池底现出水中绽放的百合,是使人愉悦的配合。

又如某小区的整体风格以江南景观为蓝本的,游泳池的外轮廓与园路结合得很好,形成了一种不规则的美,有着收放自如的感觉。乍一看,泳池就像一只葫芦;葫芦两头的大圆和小圆连接之间的收窄处,巧妙地把儿童浅水区和成年人深水区分开。

(2)小区广场设计

很多小区都设有小区广场,或许把它称为休闲场地更为合适,这一类场地的功能主要是满足小区的人车集散、社会交往、老人活动、儿童玩耍、散步、健身等需求,是一处为居民的使用提供方便和舒适的小空间。

小区广场的形式不宜一味追求场地本身形式的完整性,不必非得是规整的方形或圆形,应结合居住小区的特点、人们的交往方式以及行为心理特点等,可以考虑多用一些不规则的小巧灵活的构图方式。特别是广场的外延可采用虚隐的方式以避其生硬,与周围的小区环境有机地结合。此外,一定要避免城市广场设计中缺少绿荫的通病(图3.39)。

(3)架空层环境景观的营造

长期以来,城市中的土地被高度地开发利用,形成了日益密集的建筑,城市绿化用地已受到严重的制约。而架空层的设计能使绿化得到延伸及扩展,置身于架空空间内,既有室内宜人的气氛,又具有室外的自然亲切感,人们也多了沟通交流的场所。

在项目景观构思环节中,某一栋建筑的架空层将营造一处供人们健身的场所(图3.40)。考虑到小区内已经规划有篮球场、网球场等供年轻人娱乐的场所,还有儿童游乐设施,却缺少一个很适合老年人进行身体锻炼的场所,于是就顺理成章地把架空层设计成一处类似于老年人活动中心的地方。设计一些鹅卵石健身步道,配置一套针对老年人的健身器材,配植一些对健康有明显促进作用的保健植物。在色彩和材质等搭配上,考虑到老年人的心理特点,采用较为淡雅古朴的铺装和墙体装饰以配合休闲的时光。

图3.39 不拘形式的小广场

图3.40 架空层

架空层环境景观的营造同样要结合居住小区环境设计的功能布局,遵循设计的理念,考虑视距的比例,适当缩小景物的尺度,巧妙运用借景、框景、障景等造景手法,让室内空间向室外延伸,从而起到增大空间、加深景深的作用。

4)规划实例分析

以下为某小区景观规划设计实例,以此说明从构思到形式这个过程实现的具体步骤(第一至第三个案例引自格兰特·W.里德所著《园林景观设计:从概念到形式》一书)。

(1)小区内某圆形主题庭院设计

这一主题庭院,其设计目主要是为小区住户提供一个舒适的室外环境,为附近高层建筑的居民提供优美的鸟瞰景观。设计以圆形为基本主题,圆形用来暗示平等和没有等级,借以形成没有威胁的非正式的环境用来交流思想,有机形式的边界为次主题。设计时考虑了有宜人尺度但要足够大,能够容纳一定数量的群体。通过圆形和现有的直角边组成的墙形成对比,一定的种植作为过渡空间,在场地的中心是主要的焦点元素,设计自然的溪流和池塘。3个圆形的层次结构服务于不同的使用者。丘状的圆形草地形成室外舞台的效果,池塘旁边的下沉式台阶区域使围合最大化(图3.41—图3.43)。

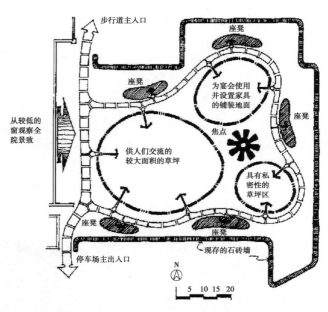

图 3.41　圆形主题的庭院概念平面图

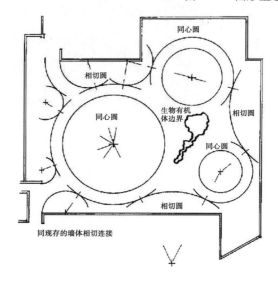

图 3.42　圆形主题的庭院主题构成图

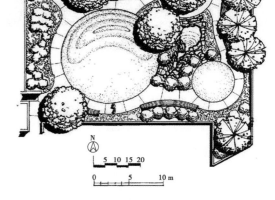

图 3.43　圆形主题的庭院最终的设计方案

（2）小区内某角落地块花园设计

这一小区内角落地块花园设计,其目的主要为休闲和自由活动创造有用的空间。不设计围栏,但要保证有一定的私密性,用台地和植物加固前院的斜坡,同时保护现存的大树。在构图上主要用135°斜线网格(前车道和入口)和90°矩形网格(前院平台、后院天井)及蜿蜒曲线(种植床)的形式。将春季和夏季的花卉设计为主要的景观。两株大树占据后院大部分面积,一个小喷泉成为天井中的焦点。室内为空间直接相连,并平滑地延伸到其他景观中。房屋的砖墙和四周的木质材料与景观中的砖墙、平台、遮挡物的材料相协调。草坪从前院一直无间断地延伸到后院,并同邻居家的院子相连。在入口处设计了一片向后回退的空间,并通过立柱和顶棚使之更加突出。还通过标高和方向的变化在前门处形成开阔的空间。在后院,篱墙定义了内外空间的边界,现存的树木提供了很大的遮阴空间。一段小台阶连接着下沉式天井内封闭的私密性空间(图3.44—图3.47)。

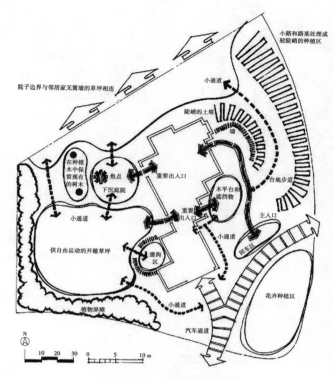

图3.44　角落地块花园概念性方案

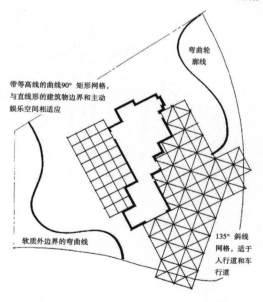

图3.45　角落地块花园主题构成图

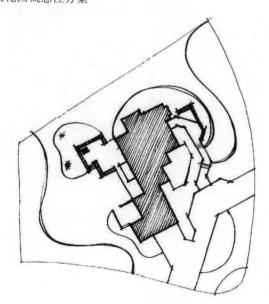

图3.46　角落地块花园形式演变图

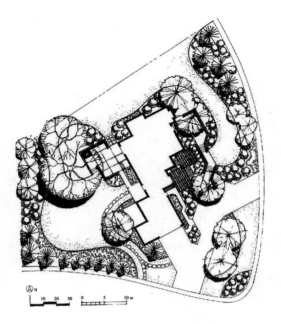

图3.47　角落地块花园最终的设计图

（3）小区内某宅旁绿地景观设计

这一小区内宅旁绿地设计，其主要构图是通过120°六边形网格(平台和后院)、90°矩形网格(下沉的天井)，以及蜿蜒曲线(前面的花床和行车道)和自由螺旋线(前面的人行道)来表现。设计将遮阴设施构成后院的主焦点。小喷泉成为这一回退的绿地内的第二焦点。在平台和回退的绿地之间反复使用多边形铺装物以创造出一种规律性。改变多边形边界的方向，为后院的空间带来动感，植物增加了形式和色彩的种类，后院统一于三角形网格的角度重复。流动的曲线把前院的空间和元素连接在一起，与建筑相接的景观元素以直角相连。种植床软化了前院的方形和弯曲形体之间的过渡。入口的步行道由两段台阶组成"S"形，沿斜坡深入前院。该步行道向两头延伸，传递着开始和到达的意境。后院的植物篱墙组成了较大的室外空间。四周的植物绿篱和头顶的遮阴设施围合成一个高度封闭的回退花园。遮阴设施的顶棚在四周向下倾斜，使得四周的各边处形成了更加私密的小空间(图3.48—图3.51)。

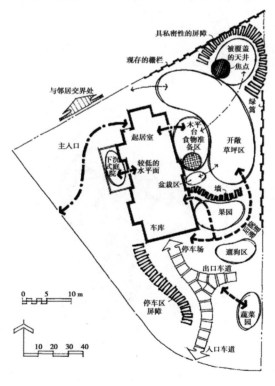

图3.48　宅旁绿地景观概念性平面图

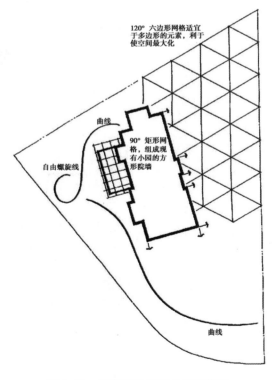

图3.49　宅旁绿地景观主题创作图

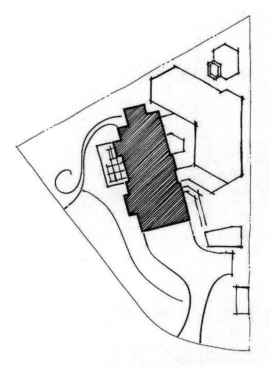

图 3.50　宅旁绿地景观形式演变图

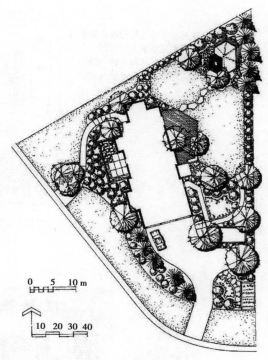

图 3.51　宅旁绿地景观设计最终设计图

（4）北京馨泰园小区景观设计

北京馨泰园小区位于北京市丰台区，该小区设计风格为现代美式休闲风格，重视景观空间尺度，突出亲切感，且在功能上注重休闲交流空间与观赏相互穿插。小区景观设计构图上，整个景区的朝向整体旋转了 30°。利用花架和艺术矮墙对整体环境进行切割，并引导人行走时的视线，在硬质构架之间运用疏林草地和密植的灌木和花卉进行装饰，在成型的行道大树之间塑造不同的空间环境，并设置特殊的旱溪对整体园区进行贯穿。在纵横的主要人行空间中采用水景点缀，烘托活跃的氛围，满足人们亲水的需求，并满足多季节的观赏和使用。方案上采用了"龙形水系"的概念，经与甲方对接沟通，将水系改小，形状由不规则变为规则，但总体设计概念思路不变，很好地体现了从概念到形式的设计理念（图 3.52—图 3.54）。

1. 解决环线交通与外部商业的矛盾
2. 保证内部完整的人行空间
3. 整体空间的韵律与协调处理
4. 塑造有序和有主题的景观环境

图 3.52　馨泰园小区景观设计概念方案一

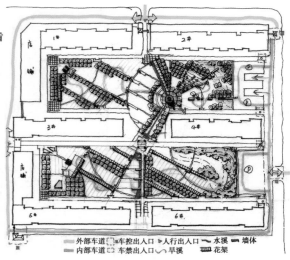

1. 解决环线交通与外部商业的矛盾
2. 保证内部完整的人行空间
3. 整体空间的韵律与协调处理
4. 塑造有序和有主题的景观环境

图 3.53　馨泰园小区景观设计概念方案二

1. 人行出入口
2. 车行出入口
3. 树荫停车位
4. 商业街
5. 入口景观
6. 入口对景
7. 节点小广场
8. 喷泉广场
9. 滨水步道
10. 疏林草地
11. 花架连廊
12. 修剪草坪
13. 树阵广场
14. 艺术矮墙
15. 地下车库出入口
16. 人防出口处
17. 旱溪
18. 石滩广场
19. 连续树阵
20. 街角组景

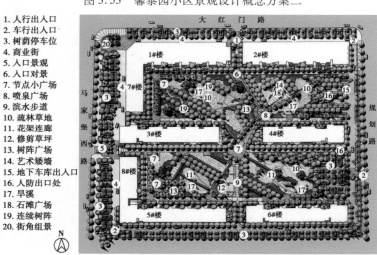

图 3.54　馨泰园小区景观设计最终方案

（5）深圳招商花园城小区景观设计

深圳招商花园城小区位于深圳蛇口中心区，是蛇口门户的延续。蛇口是一个国际化的滨海区，而招商花园城小区主要针对喜爱艺术、注重审美、展现个性、体验生活的时尚都市白领。景观设计中强调"现代艺术精神"，大胆地追究现代艺术的精髓。在景观设计中采用了法国艺术家马蒂斯图案的构图和大量的仿生形态构图，很好地体现了从概念到形式的设计理念（图3.55—图3.57）。

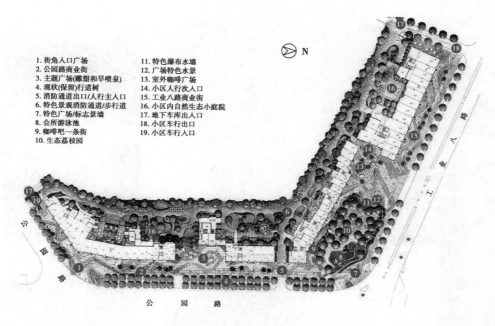

1. 街角入口广场
2. 公园路商业街
3. 主题广场(雕塑和旱喷泉)
4. 现状(保留)行道树
5. 消防通道出口/人行主入口
6. 特色景观消防通道/步行道
7. 特色广场/标志景墙
8. 会所游泳池
9. 咖啡吧一条街
10. 生态荔枝园
11. 特色瀑布水墙
12. 广场特色水景
13. 室外咖啡广场
14. 小区人行次入口
15. 工业八路商业街
16. 小区内自然生态小庭院
17. 地下车库出入口
18. 小区车行出口
19. 小区车行入口

图 3.55 深圳招商花园城小区方案平面图

■ 荔枝园实景照片

■ 马蒂斯图案

■ 局部透视图

■ 平面概念

图 3.56 深圳招商花园城小区景观方案概念图

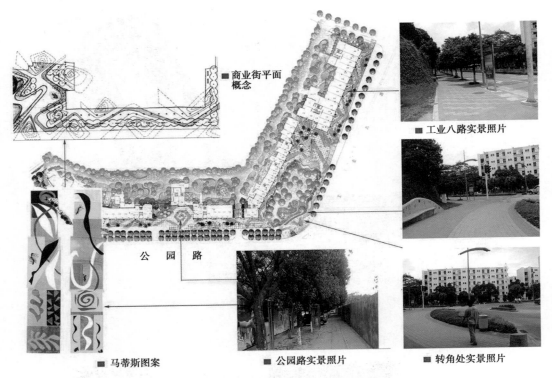

图 3.57 深圳招商花园城小区景观方案图

课后复习思考

1. 居住小区环境景观设计原则有哪些？

2. 如何确定居住小区环境景观设计主题定位？

3. 居住小区从概念到形式的设计过程包括哪些内容？

4. 居住小区环境景观设计要素选择受哪些因素的影响？

4 居住小区环境景观设计重点

【本章导读】本章为居住小区环境景观设计重点知识讲解章节,内容共分6节,分别是居住小区入口景观设计、居住小区儿童游戏场地景观设计、居住小区运动健身场地景观设计、居住小区车行道路及设施的规划设计、居住小区照明设计、居住小区植物配置设计。本章重点介绍了小区入口、儿童游戏场地、运动健身场地和小区的交通空间等几个最主要的、对小区环境景观影响最大的功能空间,讲述了它们的空间及景观特征、设计原则和设计要点等;随后对小区照明和植物配置两个专业性较强的设计做了详细介绍。

4.1 居住小区入口景观设计

4.1.1 居住小区入口空间的功能与作用

居住小区入口空间是居住小区环境的重要组成部分。一方面,它是小区居民必经的空间,起着集散人流的作用;另一方面,它联系着城市的道路或街道,是交通的转换空间,同时也是小区展示景观形象的窗口。做好小区入口的景观设计首先应了解小区入口空间的功能与作用。

1)交通功能

居住小区入口空间一端连着城市道路或街道,一端连着居住小区,是城市公共空间与居住小区内部空间连接的节点,是城市空间向小区空间的过渡,是小区人行和车行出入转换的枢纽。因此,交通功能是小区入口空间的首要功能。

居住小区入口空间的交通功能包括组织人行交通、机动车行交通和非机动车行交通。在交通的组织中,不仅要避免各种交通之间的相互干扰,还应认真考虑交通量、交通流向、道路的坡度、交通的视线等问题对交通带来的影响,避免在入口处发生交通拥挤,甚至导致相邻城市区域或小区内部交通堵塞的现象。居住小区入口空间的景观设计首先应保证入口人行和车行交通的便捷与顺畅。

2)管理功能

从我国目前居住小区建设的现状来看,居住小区是一个相对封闭的、属于部分市民(业主)使用的空间,小区空间与城市其他空间之间一般都有明确的界限,这一界限的开口就是小区的入口空间。因此,居住小区入口空间还具有保护小区安全、控制人流车流进入、交换内外信息等管理功能。

居住小区入口空间的景观设计应考虑用适当的设施来满足入口管理的需要,如大门、值班接待室、门禁系统、通信联系系统等。

3)聚集、停留与交往

居住小区入口是小区居民进出小区的必经通道,同时也是小区边界线形空间中的节点空间。等候、打招呼、交谈、宣传和展示等活动时常会在小区入口空间发生。因此,小区入口空间还具有供小区居民聚集、停留和开展各种交往活动等功能。

交往活动是居民日常生活中一种非常重要的活动,正常的交往活动有利于小区居民的相互了解,有利于建立和谐的邻里关系。交往活动往往容易发生在人们可以驻足的节点空间,小区入口正是这样的空间,因此在居住小区入口空间的景观设计中还应充分考虑居民集聚、停留的需求,努力营造一个活动可以发生的空间,以促进居民之间的交往。

4)展示、标志与象征

居住小区入口除具有前面所讲的实用功能以外,还具有展示小区景观形象、标志小区特有的环境和象征、体现小区文化等功能。

居住小区入口空间是小区与城市两个不同空间的相交与转换界面。居住小区作为城市中的一个重要空间,其良好的景观形象往往会成为城市景观的亮点。同时,居民对小区的第一印象也是通过对小区入口景观的视觉感受而获得的,因此在入口空间的景观设计中应充分重视小区入口的展示功能。标志是认知环境的参考,标志性是指独特的、区别于周围环境的景观。具有标志性的小区入口让人很容易识别,同时可以使居民对自己的小区产生认同感和归属感。另外,小区的入口景观还具有象征意义,通过对入口大门、铺装、水体、植被等的个性化设计,可以体现不同的内涵,展现小区特有的文化。

4.1.2 居住小区入口分类

1)按等级分类

根据入口的规模大小和等级高低,可将居住小区入口分为主入口、次入口、专用入口。

(1)主入口

主入口是联系小区周边最主要的城市道路或街道,承担小区主要的人流或车流出入的功能,管理设备齐全,最能展示小区景观形象和代表小区文化内涵的入口(图4.1)。

（2）次入口

次入口是相对主入口来说的,它联系小区周边较次要的城市道路或街道,承担了小区次要的、局部或少量的人流或车流出入的功能。次入口的规模等级要低于主入口,景观形象的重要性亦次之,景观处理相对简单(图4.2)。

（3）专用入口

专用入口是为小区的一些特殊功能要求而设,如消防、运送垃圾废物等。专用入口大门只在特殊使用时开启,一般不需要特殊的设计,只需满足特殊的进出入功能即可(图4.3)。

图4.1 小区主入口　　　　图4.2 小区次入口　　　　图4.3 小区专用入口

2）按交通类型分类

根据入口人车交通类型的不同,居住小区入口可分为人车分流入口和人车合流入口两种类型。

（1）人车分流入口

安全性是小区环境设计的一个重要原则,随着私家车数量的增加,车行交通越来越影响到小区居民的生活,在小区规划中,人车分流的设计越来越普遍。居民通过人行入口进入小区,而车辆则通过车行入口直接进入地下车库。人车分流不仅有利于交通的管理,同时也提高了小区环境的安全感和舒适性。如四川泸州阳光尚城小区入口设计,在规划设计中利用地形高差,将人行入口和车行入口完全分开,车辆可从2个车行入口进出,同时可下到地下车库,小区中重要活动区域没有行车的干扰,家长非常放心小孩在小区内玩耍(图4.4)。

图4.4 泸州阳光尚城小区人车分流的小区入口处理

（2）人车合流入口

人流、车流共用同一个入口的方式称为人车合流入口，是我国居住小区较常用的一种做法。人车合流入口的好处是可以减少入口的数量，便于统一管理，然而随着居民拥有的车辆数量的增加，这种入口在交通组织和对小区安全性、舒适性及环保性方面的破坏也越来越突出。因此，在条件允许的情况下，尽可能实现人车分流；在确实不能做到人车分流的小区，设计中应尽量合理地划分出入口处人行和车行的路线，使其路线尽量少交叉或者不交叉（图4.5）。

图4.5　人车分流的铺地处理

3）按空间形态分类

根据入口空间形态的不同，居住小区入口可分为规则几何形、不规则自由形和组合形等几种类型。

（1）规则几何形

居住小区入口为放大的节点空间，具有交通、管理、集散人流和展示小区景观形象等作用。规则几何形的空间能较好地发挥这些功能，因此这种形式在我国居住小区入口空间中较常见。规则几何形空间是应用建（构）筑物、园林小品、铺装、水体、植物等景观要素，形成圆形、椭圆形、矩形等几何形态的空间。这样的空间因有明确的形态感而具有内聚性的特征，容易形成引人关注的几何空间（图4.6）。

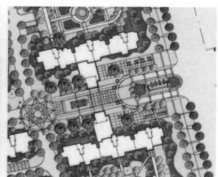

图4.6　规则形态的小区入口

（2）不规则自由形

在小区入口空间的布置中，有时因用地条件的限制，如地形高差较大或用地地块的形状不规则，或因处于较自然的区域内等原因，入口空间也可根据具体情况处理为不规则的自由形态。例如，泸州阳光尚城小区入口位置地形高差较大，如果处理为规则的几何形态，就要破坏原始地形，进行"大填大挖"，这样不仅增加了工程量，还使原有景观变得毫无特色，因此设计师选择了不规则的自由形态作为小区的入口空间（图4.7）。

图4.7 泸州阳光尚城小区自由形态处理的小区入口

（3）组合形

组合形是指在小区入口的设计中，将规则几何形态和不规则的自由形态有机地组合在一起，以形成形态丰富的入口空间（图4.8）。在现状用地条件允许的前提下，利用规则的几何形来解决入口的实用功能，而在用地条件限制较大的区域则利用自由形态来规避对环境的破坏，组合形的关键在于对形体数量和衔接的把握，在小区入口的设计中不宜加入过多的形态，以避免入口空间散乱无序。

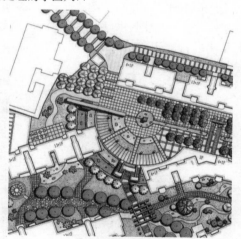

4.1.3 居住小区主入口景观设计

居住小区主入口是集中解决小区管理和交通问题

图4.8 组合形态处理的小区入口

的空间，也是展示小区形象的主要载体，因此本节着重介绍与居住小区主入口景观设计相关的知识（下文中的居住小区入口均指居住小区主入口）。

1）居住小区主入口景观构成要素

居住小区入口的景观构成要素是景观设计的素材，景观设计的特色由具体要素的状态和组合方式决定，这些要素与周围环境一起构成了入口景观的个性特色。居住小区入口景观的主要构成要素包括大门、铺装、水体、植物、雕塑等。其他要素还有地形、灯光、台阶，以及标志牌、垃圾箱、座凳等小品设施。

（1）大门

居住小区入口大门由具有管理、接待功能的门卫室和具有防护功能的门体、围栏等建、构筑物组成，具有疏导人流、车流，标志界域，安全防卫以及展示小区形象等功能。小区大门是入口空间实体性最强的景观组成要素，是景观视线的焦点，因此小区大门设计是小区入口景观设计的难点。一方面,小区大门必须具备管理和控制车行人行进出的功能;另一方面,大门的尺度、造型、风格、材料等既要与小区的建筑形式和周围的环境相吻合,同时其形象还要能跳出周围环境,成为小区的标志。

(2)铺装

小区入口铺装是指居住小区入口空间范围内的道路、广场等处的硬质表面。小区入口为节点空间,为满足必要的交通要求,硬质铺装所占的比例往往较大,铺装对入口景观的影响不容忽视。入口铺装一方面要满足居民的使用要求,另一方面又要满足景观视觉的要求。好的铺装设计可以划分和暗示不同的功能空间,起到疏解和引导交通的作用,同时不同图案和肌理的铺地还能与小区入口的其他景观要素共同形成良好的入口形象。

(3)水体

水是景观设计中最活跃的元素,由于小区入口是集中展现小区景观形象和文化内涵的空间,所以具有很强可塑性的水体在居住小区的入口景观设计中经常被使用。水体具有不同的形状和动态,其运用得好坏往往会对入口的品质景观产生很大影响。如四川泸州天立水晶城小区主入口的水体处理,从图4.9中可以看到,设计师考虑了水元素的活泼和流动性,利用水体组织景观序列,通过曲水、跌水、涌泉、喷泉等形式,配合铺装、小品和植物,形成景观层次丰富、特色突出的入口空间。

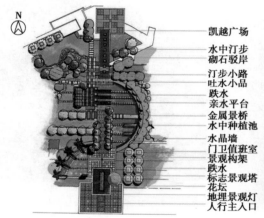

凯越广场
水中汀步
砌石驳岸
汀步小路
吐水小品
跌水
亲水平台
金属景桥
水中种植池
水晶墙
门卫值班室
景观构架
跌水
标志景观塔
花坛
地埋景观灯
人行主入口

图4.9　泸州天立水晶城小区主入口水景

(4)植物

良好的生态环境是高品质小区的标志,植物是城市中主要的自然要素,也是居住小区入口景观的重要构成要素。植物具有不同的大小、形态、色彩和肌理,在不同的季节和气候条件下,还会呈现出不同的外貌等特征,这使植物成为丰富和美化小区入口景观的重要素材。同时植物还具有围合、划分和组织空间,阻挡和引导视线的作用,在小区入口空间和景观序列的建构中起到非常重要的作用(图4.10)。

(5)雕塑

在景观设计各要素中,雕塑是最能直接地传达设计者思想和设计内涵的物质载体。小区入口不仅要向人们展示独特的、具有吸引力的景观效果,还应使人们体会到小区特有的文化和精神内涵。因此在小区入口的景观设计中雕塑常常具有特殊的效果。好的雕塑能与周围环境相协调,烘托整体空间气氛,提升小区入口的标志性,提高小区入口景观的文化品位。相反,拙劣

的、与环境不协调的雕塑则会在很大程度上破坏景观,甚至降低整个小区的景观品质。

图4.10　小区入口的植物配置

2)居住小区主入口景观设计主要原则

(1)整体性原则

居住小区入口景观设计整体性原则包括三个层次的内容,即在城市层面,与相连的城市道路或街道的景观协调;在小区层面,与小区景观设计的主题和风格协调;在小区入口空间层面,保证各个景观构成要素之间的协调。

小区入口景观是居住小区景观的有机组成部分。入口景观的设计应遵循小区整体环境景观设计的控制,一方面,应明确入口在整体景观中的功能、空间、形象等方面的定位,明确定位以后,利用大门、铺装、水体、植物、其他小品等入口景观构成的要素进行适当的设计,使其与小区环境的其他部分形成统一的整体。另一方面,小区入口也是城市景观的有机组成部分,在城市环境的改善、城市空间的使用和城市景观品质的提升等方面,小区入口都应有所贡献。如成都中海望江豪亭小区位于成都中心区域,北临城市干道太平南新街,东临城市景观道路——望江路。为了与城市景观发生更紧密的联系,设计师将主入口处理为向城市开放的绿地。由于紧邻滨河路,在景观设计中选用了“水”这一富有地域特色的要素,结合树阵、花池等,形成充满活力的城市空间。这样的处理不仅增加了小区入口景观层次,减弱了城市对小区的干扰,还为城市提供了一个公共空间,美化了城市景观(图4.11)。

(2)个性化原则

小区入口是居住小区整体景观的一部分,但由于其特定的位置和功能,使其成为小区环境景观中较为独立和特殊的景观。因此,在景观设计中应遵循个性化的原则。

个性化原则是指在保持居住小区景观整体风格统一的前提下,综合应用构筑物、水体、植物、雕塑、铺装、小品等景观要素,适当地通过造型、色彩、材质等的变化,突出入口景观的异质性,以此增加入口景观的视觉标志性,使其易于识别,充分体现小区独有的文化内涵。

(3)场地功能复合化原则

场地功能复合化原则是指在小区入口有限的空间,进行合理的设计,使其能承担交通、管理、居民聚集、等候等活动以及展示景观形象等多种功能。

小区入口空间虽然是节点空间,但与城市广场相比,其规模有限。要在有限的场地中安排不同的功能,则需要注意场地功能复合化使用的问题。小区入口空间是小区内为数不多的集中活动场地,因此入口景观的设计中,不能仅仅为了满足视觉的需要而忽略了居民其他活动的要求。如重庆学林雅园小区,入口广场发生的活动包括早上的锻炼、晚饭后儿童的聚集、老年人跳舞、周末放电影、节假日业主的各种活动等。为了解决场地各种使用功能与视觉景观方面的矛盾,在水景的处理上,选择了不占空间的旱喷泉的形式,这样可留出更多的空间满足居民各种日常活动的需求(图4.12)。

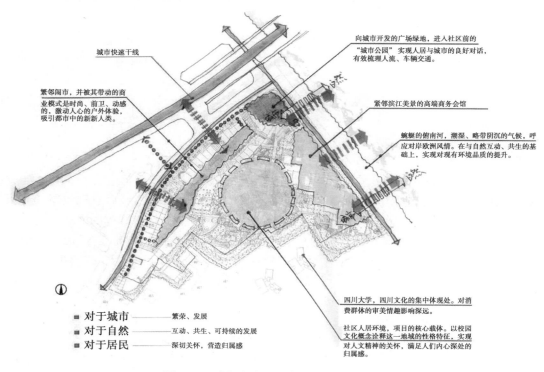

城市快速干线

向城市开发的广场绿地,进入社区前的"城市公园"实现人居与城市的良好对话,有效梳理人流、车辆交通。

繁邻闹市,并被其带动的商业模式是时尚、前卫、动感的,激动人心的户外体验,吸引都市中的新新人类。

紧邻滨江美景的高端商务会馆

蜿蜒的俯南河,潮湿、略带阴沉的气候,呼应对岸欧洲风情。在与自然互动、共生的基础上,实现对现有环境品质的提升。

四川大学,四川文化的集中体现处。对消费群体的审美情趣影响深远。

社区人居环境,项目的核心载体。以校园文化概念诠释这一地域的性格特征,实现对人文精神的关怀,满足人们内心深处的归属感。

■ 对于城市——繁荣、发展
■ 对于自然——互动、共生、可持续的发展
■ 对于居民——深切关怀,营造归属感

图4.11 成都中海望江豪亭小区入口处理

图4.12 重庆学林雅园小区入口广场的复合化使用

3）居住小区主入口景观设计的重点

（1）组织功能与流线，合理安排空间布局

居住小区主入口的各项功能由不同的功能空间支撑。根据所承载的主要功能的不同，主入口由门前集散空间、门体空间和门内引导、过渡和集散三部分空间组成（图4.13）。在主入口的景观设计中，首先应根据交通的具体情况，合理安排这三大功能空间，处理好车行、人行流线以及人、车流线与人停留、聚集的关系。

门前集散空间是连接城市道路及街道的缓冲空间，是由城市向居住小区转换的引导空间。在设计中应首先对大门穿行的主体、穿行的方式、穿行的速度等方面进行分析，在此基础上通过恰当的围合与空间划分，使停留与运动分开，人与车分行，达到互不干扰、强化入口通行功能的目的（图4.14）。门体空间是小区与城市的分隔界限，也是小区空间序列的开始，在门体空间的设计中，应注意合理组织流线，避免人流交叉，保持视线的开阔。门内空间是引导居民进入小区腹地的过渡空间，一方面，通过相连的不同分级道路引导居民通向各组团、各单元；另一方面，要考虑设置适当的停留、交往空间。在设计中应注意通行人流与聚集人流之间的干扰问题，应避免过多人流的聚集妨碍入口的通行功能（图4.15）。

图4.13　小区入口功能空间组成

图4.14　小区入口流线组成

图4.15　门内空间应注意引导与停留的结合

在人车混行的小区入口空间布局中，门前集散空间解决车的停留与通行功能，同时与城市交通之间形成必要的缓冲空间，在小区内部则应实行"人车分行"的道路系统方式。随着私家车数量的增多，许多新建的小区在规划布局上已实现了人车分流，一般情况下人行入口为展示小区形象的主入口，通过适当的景观设计，主入口可成为一个可通行、可交往、可购物、可休憩的富有活力的空间。

（2）围绕立意与主题建构特色的景观序列

小区入口的功能虽大同小异，但由于小区整体景观立意和主题的不同，在入口空间景观设计中，景观元素的组织和景观序列的安排有极大差异。首先应该明确入口景观在小区整体景观序列中的定位，入口的景观设计应围绕这一定位进行；同时注意小区入口本身也是一个完整的空间序列，在景观设计时应整体考虑，避免孤立对待。

小区主入口前广场是城市景观尺度向小区景观尺度的过渡，是小区入口景观序列的起始，也是高潮，在景观设计中应注意与城市景观的关系，可结合小区的公共服务设施，利用整齐的树池、跌落的水景、有序的台阶等景观要素，围绕小区的整体景观立意，进行塑造。门体是小区入口景观序列的转折，门体的造型、尺度、色彩、材质等都应和入口景观的整体风格相协调。门内空间是入口景观序列的结尾，也是小区内部景观序列的开始，因此应注意与小区内部景观的衔接，在此空间中可为居民提供驻足停留的场所，可布置水体、花坛、矮墙、座凳、宣传栏、指示牌、艺术小品等。

在已建成的居住小区中，有许多入口景观特色分明的优秀实例。例如，成都温江区的春天大道小区，其入口景观设计强调自然的风格，因此在与城市道路衔接的部分布置了大量的绿化，门体尺度小巧，用材和色彩自然朴质，整体形象掩映在绿树丛中，植物成为小区入口景观的主角（图4.16）。又如，重庆万科渝园小区，小区整体景观体现中国传统园林风格，因此，在小区入口景观的营造上也用了中国传统风格，入口广场、门体和门内空间的设计中均用了中国传统园林的景观元素，统一的景观序列和效果，突出了小区的特点（图4.17）。

图4.16　成都温江春天大道小区入口

图4.17　重庆万科渝园小区入口

（3）配置适当的景观要素

• 大门

小区大门是指小区入口处有一定使用功能的建筑物及其相关的构筑物为主体的空间,它是从城市向小区过渡的实体转折空间,是景观视线的焦点和小区形象的标志。一般情况下,小区大门多独立于周围建筑之外,带有可开启和关闭的电子门(图4.18)。在商业价值较高的某些城市地段,具有防护功能的围墙则往往被商业裙房所代替,形成街坊式的小区入口空间;也有和会所、售楼处相连,甚至将建筑底层架空作为门体的形式(图4.19)。

图4.18 独立式小区入口大门　　　　　图4.19 附建式小区入口大门

小区大门有各种不同的形式:从布置形态来看,有附建式和独立式;从构图规则来看,有对称式和自由式(图4.20);按建筑风格来区分,则有古典式、现代式和自然式等(图4.21)。

居住小区的大门设计的共同特点包括:

①在大门的景观设计中要注意合理组织流线,避免人流交叉,保持视线的开阔。

②要注意与小区的建筑保持尺度、风格和色彩的协调统一。

③居住小区是人们日常生活的地方,大门设计应体现小区的居住文化以及和谐、安宁的气氛,因此门体的尺度不宜过大,造型应简洁,忌过度夸张,色彩柔和,不宜过于刺激。

④小区居民天天进出小区都会近距离接触大门,因此在居民可触摸的地方,应特别注意材料、造型等细部的设计。高品质的细部设计会大大提高小区大门的景观品质(图4.22)。

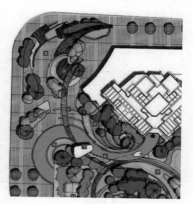

图4.20 对称式和自由式的小区大门

图 4.21　不同建筑风格的小区大门

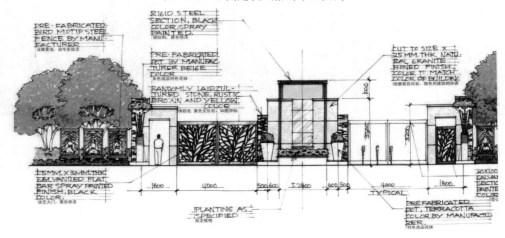

图 4.22　小区大门的细节处理非常重要

● 铺装

小区入口铺装是指小区入口空间范围内硬质地面的铺砌材料。铺装具有暗示空间的作用，利用材质、色彩等可划分不同的空间；铺装还有统一协调的作用，虽然入口处的各种要素在特性和实体上有很大的不同，但如果用同一形式铺装，也会使它们连成一个整体；铺装能引导人们的视线，因此具有引导人流的作用；最后，通过铺装能形成独特的个性空间。如重庆万科渝园小区，入口小广场用了地砖、瓦片、石雕等铺装材料，形成了独特的景观效果（图 4.23）。

图 4.23　万科渝园小区的特色铺装　　　　　图 4.24　统一中有变化的铺装

在入口空间的景观设计中，可利用不同的地面铺装限定不同场地的性质与使用功能，将外部城市道路与入口区域划分开。同时，还可通过铺装与柱列、景墙、花池、雕塑等其他景观元素的组合，以及地面高差的处理等，强化空间的划分和过渡，形成既统一又有层次的景观序列。铺装的设计既要满足使用功能又要满足景观需要，具体来讲设计时要注意以下几点：

①要满足安全、方便使用的要求，应避免使用易使人滑倒和行走困难的铺装材料，如大面积的光面花岗、大面积凹凸不平的鹅卵石、易带泥的嵌草砖等。

②应根据空间的性质、功能和尺度的不同，选择色彩、尺度、质感等有变化的不同铺砖，利用不同的视觉效果来引导视线，划分空间。当然，在多种铺装的设计中，应注意基本材质和色调的控制，使入口景观在统一中产生变化（图4.24）。

● 水体

水是景观设计中最活跃的元素，小区入口是居住小区重点打造的标志性景观，所以"水"也是小区入口空间景观设计中最常用的要素之一。在入口景观中"水"具有形成视线焦点、引导以及划分空间等作用。

从形态方面来看，水有动态和静态之分。小区入口景观中的水多以动态为主，如入口景观处的喷泉、跌水，对景或结合围墙处理的壁面水景，沿人流行进方向设置的溪流、人工台地跌水等。此外，为满足入口空间功能的复合性使用，在入口广场的设计中还可用旱地喷泉的形式（图4.25）。在用地允许的情况下，也可使用静态的水体。静态的水体可体现安静的居住氛围，同时还可起到阻隔和引导流线等作用。例如，重庆卓越美丽山水小区滨江路入口处的大型镜面无边水池，形成入口建筑前的景观，同时也起到限制人流的作用（图4.26）。

图4.25　小区入口不同形态的水体景观

在入口景观水体元素的具体运用中，应从整体的构思出发，根据整体构思中对风格的限制，巧妙地将水体要素与地形、植物、铺装、雕塑等要素结合，设计出与整体风格相协调的水体形式。如重庆春风城市心筑小区整体景观为自然宁静的风格，小区主入口处有地形高差。为了突出整体风格和解决高差问题，设计师在小区主入口处应用了水体元素，如涌泉、跌水、静态水池等不同形式，在入口处设置金字塔形的涌泉配合大榕树桩头形成主入口景观视觉的焦点，水池边种植水杉、八角金盘、睡莲、菖蒲、水生美人蕉等植物营造出郁郁葱葱、自然朴质的家园氛围（图4.27）。

图4.26　重庆卓越美丽山水小区入口处的无边水池

图4.27　重庆春风城市心筑小区入口水景处理

● 雕塑

小区入口景观应传递小区特有的文化，同时也是小区的标志，因此雕塑在小区入口景观中起着画龙点睛的作用。雕塑的形式多种多样，有抽象的、具象的、传统的、现代的等。雕塑的材质也非常丰富，有传统的石材、金属、木材、石膏、混凝土等；还有新型的材料，如玻璃、陶瓷、纤维、一些感光材料等。

　　雕塑是入口景观的组成部分之一。在雕塑的设计中应特别注意与入口景观氛围的协调，以及与植物、水体等其他景观要素的配合。雕塑位置、尺度、色彩、材质、数量等的选择应符合整体景观规划设计的要求。雕塑应与其周围的建筑、景观、场地形成和谐而有秩序的关系。此外，雕塑要传递一定的文化内涵，这一内涵应是小区特有的居住文化。由于雕塑是这一文化的具体物化的形象，因此雕塑的造型、材料、色彩都应与这一文化有同构的关系。雕塑设计还应有较强的标志性，其往往能与其他景观元素共同构成小区的标志性景观。

　　雕塑虽然只是入口景观的要素之一，但在入口景观中能形成鲜明的形象，能有效地烘托整体空间气氛。

4.2　居住小区儿童游戏场地景观设计

4.2.1　居住小区设置儿童游戏场地的意义

　　居住小区儿童游戏场地是指在居住小区用地范围内专门为儿童游戏活动提供的空间。居住小区儿童游戏场地的设置有利于儿童的身心健康和性格培养，在形成和谐社区人文环境等方面具有重要意义。

　　(1)有助于儿童身心健康和性格培养

　　设置居住小区儿童游戏场地是儿童身心健康和性格培养的重要保证。人的交往活动从幼年时期就已经开始，学会与人沟通和交往是儿童幼年期的重要任务，儿童正是在与他人尤其是同龄伙伴的广泛交往中，学习社会规范，认识社会角色，提高交往技能，发展社会情感的。在居住小区内创建儿童游戏场地，可以提供儿童之间交流、协作的空间(图4.28)。

图4.28　儿童之间交流协作

　　(2)有助于形成和谐的社区人文环境

　　创造居住小区中的儿童游戏场地环境，是促进邻里交往，提高社区人文环境品质的重要条件。儿童游戏场地不但为儿童提供了一个游乐的场所，而且通过孩子们的交流促进了大人与孩子、大人与大人间的交往，为相识及不相识的人群提供了一个重要的交往场所。正是通过孩子这个纽带，原本陌生的邻里关系得以改善变得融洽，并逐渐形成了和谐的社区风尚。

　　(3)能大大提高儿童户外游戏的频率

　　由于距离居民住宅近，在居住小区中为儿童设计户外游戏场所，不仅可使儿童游戏由节假日型转为日常型，大大提高儿童户外游戏的频率，还可最大限度地使儿童脱离成人的看护，充分发挥主观能动性，自由游戏。

4.2.2　居住小区儿童游戏场地分类

1)按布置方式分类

居住小区内儿童游戏场地根据布置方式的不同,可分为集中式儿童游戏场地和分散式儿童游戏场地。

(1)集中式

集中式儿童游戏场地是指在居住小区内,把众多儿童游戏内容集中布置在一块区域,其设施齐全,服务范围广。它一般位于居住小区的中心位置,常结合居住小区公园绿地布置。该类型的游戏场地具有极大的复合性,为满足不同年龄段的孩子对游戏场的不同需求,常按年龄段来划分游戏空间,如婴幼儿活动空间、学龄前儿童活动空间、学龄儿童活动空间。除此之外,还可按活动方式来划分,如游戏设施空间、自然空间、开放空间、休息观看空间、隐蔽空间、交往空间等。集中式儿童游戏场地一般都具有规模大、内容丰富、设施齐全、服务对象全面等特点。在处理这类场地时应该注意空间之间进行一些适当分区,避免使用上的相互干扰(图4.29)。

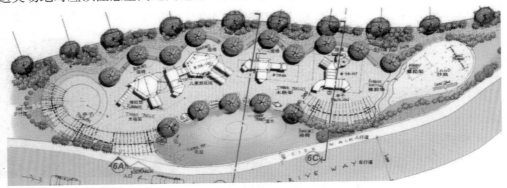

图4.29　集中式儿童游戏场地

(2)分散式

分散式儿童游戏场地是指在一个居住小区内,分散布置多个儿童游戏场地的布局形式,通常有住宅庭院内的儿童游戏场地和住宅组团内的儿童游戏场地两种类型。这种儿童游戏场地往往是把不同功能的内容分散布置在小区范围内,场地具有规模较小、功能单一、活动内容简单等特点。住宅庭院内的儿童游戏场地是规模最小的儿童活动场地,在场地内可设置沙坑及铺设部分地面,安放座椅供家长看管孩子时使用,一般为6周岁前的儿童使用。住宅组团内的儿童游戏场地占地稍大,为5~8幢住宅楼的儿童使用,可安置简易的游戏设施,如沙坑、秋千、攀登架、跷跷板等小型器械,也可设置游戏墙、绘画用的地面、墙面或小球场等,是儿童使用率较高的场地。

2)按服务对象分类

根据居住小区儿童游戏场地服务对象的不同,儿童游戏场地可分为婴幼儿活动区、学龄前儿童活动区、学龄儿童活动区。

（1）婴幼儿活动区（1~3岁）

该阶段儿童活动能力不足，因此活动区面积不必太大，空间也可简单化处理，主要是为儿童提供看、听、触摸的物体，同时设置一些行走、跑、跳等活动内容的设施即可。安全性是该类型场所需要重点考虑的因素，可做些专业化的处理。如场地可以设计成口袋形，出入口应该对着住宅单元的入口方向，游憩场地内部的道路表面要平滑，达到婴儿车和学走路儿童方便使用的要求。同时，场地边界可以设置一些围合物，增强游憩场地的安全感和封闭感。此时期的儿童需要家长带着与其他孩子一起玩，家长们也常常参与其中，因此婴幼儿活动区通常会变成老年人、成年人和孩子们共同活动的场所。

（2）学龄前儿童活动区（4~6岁）

学龄前儿童是居住小区儿童活动场地中最主要的使用者。此年龄阶段儿童的活动能力增强，具有一定的操作物体和进行简单游戏的能力，爱模仿成人活动，对户外活动的需求也随之大大增大，但是仍然需要家长适当的看护。随着年龄的增大，儿童的空间概念增强，能辨别基本的颜色，感知相对也较为丰富，游戏场地内的设计形式也应略加复杂，内容上变化多样，色彩上仍需丰富。玩沙区是这个年龄段儿童较受欢迎的游戏活动平台，弹簧类座椅、跷跷板和秋千也是非常合适的游戏器械。游戏器械下面要铺设沙子、塑胶垫等弹性面材，保证安全。

（3）学龄儿童活动区（7~12岁）

学龄儿童已经具有了独立活动的能力，运动技巧的自控能力和平衡能力增强，能进行较强的体力活动，初步具有抽象的逻辑思维和自主的行为习惯。此阶段的儿童不喜欢固定的人为设计的局限空间，喜欢去具有神秘感的地方。这个时期的儿童以学习为主导活动，游戏兴趣逐渐被体育运动代替，竞争意识增强。空地一直都是这个阶段儿童最喜欢的空间，这能使他们感受到玩耍的自由。所以这一类型的场地往往会提供一块空地供孩子们玩耍，场地界限不明显，且内部会有地形的起伏变化。孩子们能在上面躲藏、翻滚、滑行等。

4.2.3 居住小区儿童游戏场地景观设计

1）居住小区儿童游戏场地景观构成要素

居住小区儿童游戏场地的景观元素主要包括地形、游戏设施、铺地、植物等。这些元素的设计和组合构成了儿童游戏场地的特有环境。

（1）地形

地形是场地的自然分割，能够起到美化环境的作用。在居住小区儿童游戏场地设计中，应充分利用原地形的土坡或者小丘，让孩子们可以在这里攀爬、俯冲，也可以把玩具从斜坡上滚下。高差的变化能为儿童提供更多的活动内容，可以让他们从高处和低处不同视角观察周围的环境，他们乐于在这样的空间中玩耍（图4.30）。

（2）游戏设施

游戏设施是儿童游戏场地空间构成不可或缺的要素，也是整个游戏场地的核心内容，其布置设计的结果直接影响着整个游戏空间的使用价值。由于周围建筑的影响和规模的限制，居住小区内儿童游戏设施往往成为儿童游戏场地空间环境构造的主要要素。儿童游戏场地游戏设施主要有混凝土组合游戏设备、游戏墙、沙池、水池、秋千、滑梯、转椅、攀登架等（图4.31）。游

戏设施的设置与选择应对儿童智力与想象力的创造和激发有积极的引导和促进作用。

图4.30　利用地形丰富活动内容

（3）铺地

在儿童游戏空间中,铺地是非常重要的景观要素。铺地不但可以起到划分空间的作用,而且鲜艳的色彩和生动的图案铺地可以为儿童提供视觉刺激,吸引儿童的注意,渲染出儿童游戏场地活泼、明快的氛围。儿童游戏场地的铺地形式也是非常丰富的,常常以体现童趣的色块铺地为主(图4.32)。

图4.31　攀登架

图4.32　丰富的色块铺装

（4）植物

植物是儿童游戏场地空间构成的另一个不可缺少的景观要素。植物配置是创造良好自然环境的重要措施之一。要营造儿童游戏空间优美活泼、自然安全的环境,离不开植物的精心配置。在居住小区的儿童游戏场地中,植物有界定和分隔空间(图4.33)、成为审美和学习对象、调控小气候等作用。儿童对植物和其他自然要素具有特殊的亲切感,植物提供了有趣、开放的环境,能够促进探索、发现和想象,儿童也可以把植物作为游戏和学习的一种基本资源。

2）居住小区儿童游戏场地景观设计主要原则

（1）整体性设计原则

儿童游戏空间的设计要与居住小区的整体环境相结合,综合考虑多元环境要素,强调环境的整体性。居住小区儿童游戏场地位置的选择、出入口的设置要综合考虑与周围环境的关系,场地地形、植物绿化、游戏设施、色彩等均应与环境相协调。儿童游戏空间的设计内容和设计风

格也可与居住小区建筑特点相结合(图4.34)。

图4.33　植物界定和分隔空间

图4.34　儿童活动空间各元素的综合设计

(2)人性化设计原则

居住小区儿童游戏场地是为儿童提供玩耍和交往的空间。设计时要充分考虑儿童的生理特点和心理特点,充分考虑不同年龄儿童的不同需求,具体设计时,要考虑以下内容:

●尺度

儿童游戏场地要根据不同年龄阶段的儿童尺度进行设计。道路宽度、建筑小品大小、植物高度、游戏器械尺寸,都要满足不同年龄段儿童的尺度和心理标准(图4.35)。

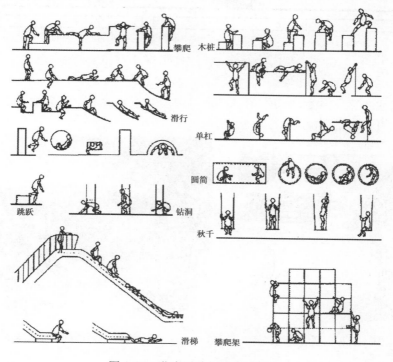

图4.35　儿童活动与器械尺度

- 色彩

明快鲜艳的色彩能给儿童带来愉快的心情,相对成人而言他们更喜欢饱和度高的颜色。在儿童游戏场的设计中,要充分考虑儿童对色彩的敏感性,大胆地使用一些对比色(图4.36),特别是游戏设施的颜色要明快鲜艳,但要和周边环境统一协调。

- 多样性

兴趣爱好和体能上的差异,使得儿童在选择游戏方式上也有所不同。对于设计者来说,要为儿童提供一个多样性的活动空间,满足儿童好奇、乐于探索的心理需求(图4.37)。多样性与设备数量没有直接关

图4.36 明快的对比色彩

系,更多情况下与复杂程度有关。例如,《公园行为心理》中提出儿童对单个游戏器械容易厌倦。当多个游戏器械按循环路径的方式布置时,儿童停留的时间明显增加,场所也更有乐趣了。

图4.37 满足儿童好奇、乐于探索心理需求的多样活动空间

- 创意性

富有创意性的游戏器械和场地(图4.38)可以使儿童在游戏中充分地发挥其艺术天分,激发他们的想象力和创新精神。

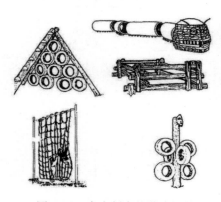

图4.38 富有创意的游戏器械

图4.39 自然材质游戏器械

（3）安全性设计原则

在进行小区儿童游戏场地设计时，应以安全性为总的指导原则。在儿童游戏场地设计中，地面铺装、儿童活动器械都应当选用贴近自然的材质（图4.39），如木材、橡皮砖、草皮等。在游戏设施下方的活动场地中应铺设软质的缓冲材料，如合成泡沫塑料、橡胶垫等。游戏设施要足够牢固，应选择边界光滑、没有棱角的器械，登高攀爬设施的栏杆扶手等要符合有关规范规定。

（4）兼顾性设计原则

在儿童游戏场地附近应提供家长看护的空间，有一定的围合感，并朝儿童游戏场地开敞（图4.40）。这样的空间最能提供安全感和归属感，易于促发交往活动以及家长的聚留，很受家长欢迎。

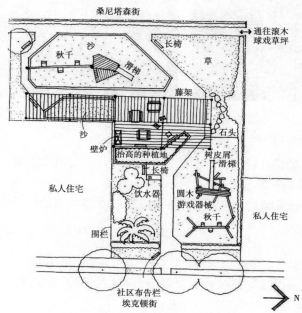

图4.40　提供家长看护的空间

（5）生态性设计原则

儿童游戏空间设计的生态性原则，就是将人工环境与自然环境有机结合，在满足儿童游戏回归自然的精神渴望的同时，使儿童游戏贴近自然、了解自然，增加儿童对自然的认识。在设计时可顺应场地的自然条件，合理利用土壤、植被和其他自然资源，充分利用日光、自然通风和降水，同时注重乡土植物的运用。

3）居住小区儿童游戏场地景观设计的重点

（1）居住小区儿童游戏场地位置选择

儿童是居住小区儿童游戏场地的主要使用者，且考虑到儿童游戏空间与居住小区其他空间的关系，对儿童游戏场地的位置选择变得尤为重要。

①位置选择原则。

a.可达性原则。可达性包含行为的可达性和视线的可达性。选择儿童便于就近使用的位置，使儿童出入方便。尽量选择与其他活动场地接近的地方，便于成人看护，让儿童有安全感

(图4.41)。

b. 安全性原则。尽量远离可能行车的小区主要交通道路。对交通安全的担心也难以令家长放松,会影响儿童的使用。

c. 健康性原则。选择具有充足的阳光、良好的通风条件并有适当遮阴地块的场所(图4.42)。游戏场地适宜向阳面,充足的阳光有益于儿童的生长发育;选择通风良好的地方,场地通风可以抑制细菌的增长。

图4.41　选择与家门口接近的地方　　　图4.42　有充足阳光的地方宜设置儿童活动场地
　　　　　设置儿童活动场地

d. 独立性原则。对场地进行适当的围合,可以避免儿童的活动受到外界活动、噪声及其他污染源的干扰(图4.43)。

e. 关联性原则。选择儿童游戏活动场地的时候,要考虑和周边场地的联系,与整体景观规划设计取得协调。

②位置布局方式。

儿童游戏场地在居住小区内的类型不同,其位置布局方式也不同。

a. 住宅庭院内的儿童游戏场地。这是规模最小的儿童活动场地,它的位置一般在住宅之间的庭院或架空层,面积一般几十到上百平方米(图4.44)。

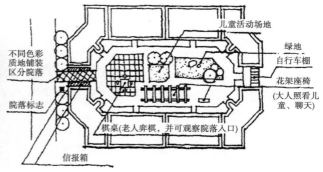

图4.43　对儿童活动场地进行适当的围合　　　图4.44　住宅庭院内的幼儿游戏场地

b. 住宅组团内的儿童游戏场地。这种游戏场一般布置在居住组团的庭院与组团之间的空地上,是儿童使用率较高的场地(图4.45)。

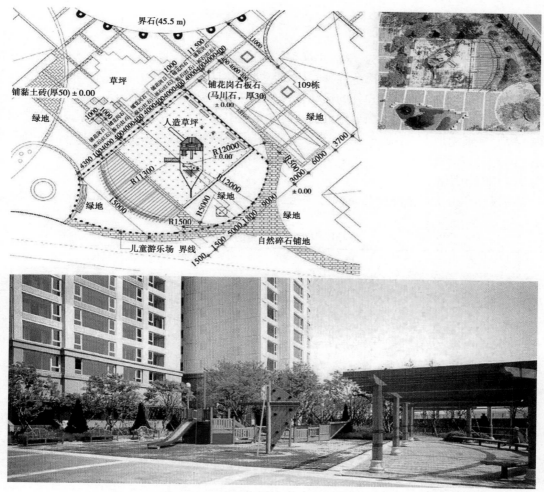

图4.45　住宅组团内的幼儿游戏场

c. 小区级儿童游戏场地。为小区范围内儿童服务,常与小区中心绿地结合布置,每个小区可设1~2处(图4.46)。

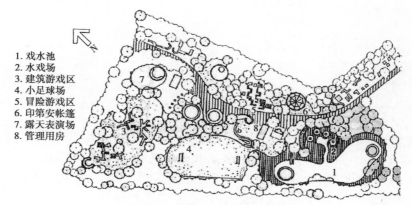

1. 戏水池
2. 水戏场
3. 建筑游戏区
4. 小足球场
5. 冒险游戏区
6. 印第安帐篷
7. 露天表演场
8. 管理用房

德国不莱德哈芬·雷赫尔海德儿童游戏场

图4.46　小区级儿童游戏场

（2）使用行为的研究

①使用时间与场所。

儿童日常户外活动的时间为：学前儿童在午饭和晚饭前后，学龄儿童集中在傍晚或放学后。儿童活动同其他活动一样存在季节性，即夏季活动时间明显多于冬季。温度在 15 ℃以上，儿童会增加户外活动时间。儿童在户外的活动频率一般夏季>春秋季>冬季。

儿童经常游戏的地方是家门口附近的空间。儿童游戏时空间一般具有连续性，他们往往从室内、入口、宅前空地、人行道一直玩到街头。儿童喜欢亲近自然，接近草地、水池、泥沙，喜欢在草地上奔跑，做各项活动。

②使用行为特点。

a. 阶段性。由于各年龄段儿童的心理与体能特征不同，常常表现出不同的行为特征（表4.1）。

表 4.1　不同年龄儿童的行为特征

游戏形态年龄	游戏种类	结伙游戏	组群内的场地		
			游戏范围	自立度（有无同伴）	攀、登、爬
小于 1.5 岁	椅子、沙坑、草坪、广场游戏	单独玩耍，或与成年人在住宅附近玩	必须有保护者陪伴	不能独立	不能
1.5～3.5 岁	广场、草坪、沙坑、椅子游戏等，使用固定的游戏器具	单独玩耍，偶尔和别的孩子一起玩，和熟悉的人在住宅附近玩	在亲人能照顾的住地附近	在分散游戏场，有部分可自立；集中游戏场可自立	不能
3.5～5.5 岁	沙坑、滑梯、秋千、跷跷板等，以及使用变化多样的器具	参加结伙游戏，同伴人数逐渐增加（往往是邻里孩子）	游戏中心，在住房周围	在分散游戏场可以自立；在集中游戏场完全能自立	部分能
小学一二年级儿童	开始出现性别差异，女孩多利用游戏器具，男孩更多攀爬、追跑、抓躲等	同伴多，有邻居、同学、朋友，结伙游戏较多	可在离住处较远处玩	有一定自主能力	能
小学三四年级儿童	女孩利用游戏器具较多，男孩倾向运动性强的活动	同上	以同伴为中心玩，会选择游戏场地及游戏品种	自主	完全能

b. 同龄聚集性。年龄常常成为儿童户外活动分组的依据，年龄相仿的儿童多在一起游戏。年龄段不同，游戏内容也不同。例如，3～6 岁的儿童多喜欢玩秋千、跷跷板、沙坑等，但由于年龄小，独立活动能力弱，常需家长伴随；7～12 岁的儿童以在户外较宽阔的场地活动为主，如跳格、跳绳、小型球类游戏等，他们独立活动的能力较强，有群聚性（图 4.47）。

c. 动态性。儿童生来就有好动、好模仿、好奇心强、持久性差、喜野外活动等特点，儿童在游戏中不断地去尝试、发现、练习和表现，并通过这些来表达内心的意愿，宣泄情绪，展示能力。因此,应依据儿童年龄和心理特点设计儿童户外游戏场地,使其满足多方面需求,启发并激励儿童学习,锻炼儿童的动作技能、社会技能和求知技能。

图4.47　儿童的同龄聚集性　　　　　　图4.48　组合游戏器械

（3）合理配置景观要素

●游戏设施

居住小区内儿童游戏设施主要有组合游戏器具、沙、水、游戏墙等。

组合游戏器具是用组合起来的竖立和横放的预制品,组合成房屋、拱券、城堡、迷宫、斜坡、踏步等各种游戏用具。为了安全,必须把所有构件的边缘都做成光滑的,还必须防止儿童从1 m以上高度坠落,或从坡度陡的混凝土踏步上滑下的可能（图4.48）。

沙坑是儿童游戏场中重要的游戏设施,玩沙能激发儿童的想象力和创造力。沙坑不宜太小,一般规模为10~20 m²,深度以0.4~0.5 m为宜。在大沙坑中可将沙坑与其他设施结合起来,进行多样的游戏（图4.49）。

水与沙一样,同样深受儿童喜爱,儿童自幼多爱玩水,对水有亲近感。儿童游戏场内常设涉水池,儿童可在池中嬉水（图4.50）。涉水池常有两种:一种水池深度一致,20 cm左右;另一种池底逐渐坡向中央,池边浅,可修成各种形状,也可用雕塑装饰,或与喷泉、淋浴相结合。不同水深的涉水池,适合不同年龄段的儿童使用。

游戏墙也是儿童游戏场上常见的游戏设施。为适合儿童的兴趣爱好,可设置各种形状的游戏墙,供儿童钻、爬、攀登。游戏墙不仅可以起到挡风、阻隔噪声扩散的作用,还可以分割和组织空间,甚至还可以做成适合儿童绘画的墙面或者组合成迷宫,为儿童提供的探索乐趣（图4.51）。

图4.49　沙坑游戏活动场地　　　图4.50　儿童在水中嬉戏　　　图4.51　儿童游戏墙激发
　　　　　　　　　　　　　　　　　　　　　　　　　　　　　　　儿童的探索乐趣

除了上面几种儿童游戏设施外,还有一些儿童游戏器械,如以秋千为代表的摇荡式器械、以滑梯为代表的滑行式器械、以转椅为代表的回转式器械、以攀登架为代表的攀登式器械等。游

戏器械都是根据不同年龄段儿童的身高和活动特点选择适合的类型。其在设计时既要满足不同年龄段儿童活动要求,也要避免其他年龄段儿童使用造成的损坏(设施的设置要求详见表 4.2)。

表 4.2　居住小区儿童游戏设施设计要求表

摘自《居住区环境景观设计导则》2006 版（建设部住宅产业促进中心 编写）

序号	设施名称	设计要点	适用年龄
1	沙　坑	①居住区沙坑一般规模为 10～20 m²,沙坑中安置游乐器具的要适当加大,以确保基本活动空间,利于儿童之间的相互接触。②沙坑深 40～45 cm,沙子必须以中细沙为主,并经过冲洗。沙坑四周应竖 10～15 cm 的围沿,防止沙土流失或雨水灌入。围檐一般采用混凝土、塑料和木制,上可铺橡胶软垫。③沙坑内应敷设暗沟排水,防止动物在坑内排泄。	3～6 岁
2	滑　梯	①滑梯由攀登段、平台段和下滑段组成,一般采用木材、不锈钢、人造水磨石、玻璃纤维、增强塑料制作,保证滑板表面平滑。②滑梯攀登梯架倾角为 70° 左右,宽 40 cm,踢板高 6 cm,双侧设扶手栏杆。休息平台周围设 80 cm 高防护栏杆。滑板倾角 30°～35°,宽 40 cm,两侧直缘为 18 cm,便于儿童双脚制动。③成品滑板和自制滑梯都应在梯下部铺厚度不小于 3 cm 的胶垫,或 40 cm 的沙土,防止儿童坠落受伤。	3～6 岁
3	秋　千	①秋千分板式、座椅式、轮胎式几种,其场地尺寸根据秋千摆动幅度及与周围游乐设施间距确定。②秋千一般高 2.5 m,长 3.5～6.7 m(分单座、双座、多座),周边安全护栏高 60 cm,踏板离地 35～45 cm。幼儿用距地为 25 cm。③地面需设排水系统和铺设柔性材料。	6～15 岁
4	攀登架	①攀登架标准尺寸为 2.5 m×2.5 m(高×宽),格架宽为 50 cm,架杆选用钢骨和木制。多组格架可组成攀登架式迷宫。②架下必须铺装柔性材料。	8～12 岁
5	跷跷板	①普通双连式跷跷板宽 1.8 m,长 3.6 m,中心轴高 45 cm。②跷跷板端部应放置旧轮胎等设备作缓冲垫。	8～12 岁
6	游戏墙	①墙体高控制在 1.2 m 以下,供儿童跨越或骑乘,厚度为 15～35 cm。②墙上可适当开孔洞,供儿童穿越和窥视产生游乐兴趣。③墙体顶部边沿应做成圆角,墙下铺软垫。④墙上绘制的图案不易褪色。	6～10 岁
7	滑板场	①滑板场为专用场地,要利用绿化种植、栏杆等与其他休闲区分隔开。②场地用硬质材料铺装,表面平整,并具有较好的摩擦力。③设置固定的滑板练习器具,铁管滑架、曲面滑道和台阶总高度不宜超过 60 cm,并留出足够的滑跑安全距离。	10～15 岁
8	迷　宫	①迷宫由灌木丛墙或实墙组成,墙高一般在 0.9～1.5 m,以能遮挡儿童视线为准,通道宽为 1.2 m。②灌木丛墙需进行修剪,以免划伤儿童。③地面以碎石、卵石、水刷石等材料铺砌。	6～12 岁

- 铺装

小区儿童游戏场地铺装是指通向儿童活动场地的道路和儿童活动场地内硬质地面的铺砌材料。考虑到要有利于儿童的身心健康和智力开发以及安全性的问题,儿童游戏场的铺装设计要注意以下几方面：

①儿童活动场地的所有铺装要平整防滑。

②铺装的色彩设计一般不采用纯度过低的颜色，多采用纯度和明度较高的颜色，使空间充满清新、明快氛围；也可同时使用几种鲜明亮丽的色彩，形成明显的对比效果，增强活泼感与想象力。

③铺装选择硬度小、弹性好、抗滑性好的材料，如橡胶砌块、人工草坪等，降低儿童玩耍跌倒受伤的风险。

④铺装上可以点缀一些有趣的儿童图案，以增强游戏区的趣味性。

图4.52　嵌草铺装儿童活动空间

⑤铺装要考虑游戏场的排水问题。为了防止游戏场内积水，游戏场的界面设计必须保持一定的坡度。同时，要注意透水透气的设计，如嵌草铺装增加地面的透气排水性（图4.52）。

● 休息设施

休息设施是居住小区内儿童游戏场地的一个重要的内容，它为家长提供了一定的休息及相互间交流的可能性。其形式多样，主要包括座椅、花架、木平台、遮阳避雨等设施。休息设施尽量布置在活动范围外。大树和绿篱旁为最合适的位置，但在视线上要和整个场地保持通透。休息设施宜结合儿童喜爱的童话、寓言中的人物、动物形象设计，以活泼的体态，鲜艳的色彩，成为游戏场空间环境的点缀（图4.53）。

● 无障碍设计

在进入有高差的儿童活动区要设置盲道、坡道，路缘石围合的活动场要开出一块轮椅或手推车可以进入的入口，道路的宽窄要能够使轮椅或手推车通过，主要进入道路不能设计鹅卵石地面，以提高障碍儿童对游戏区的使用频率。

另外，为了促进儿童知觉发育和动作协调发育，游戏设施应尽量选择那些用自然材料制造的产品，这些设施能够提供范围广泛的刺激和多种感官的体验，同时也能满足某些感官残疾的儿童的使用。

● 植物

在儿童游戏场地的植物选择和配植时要注意以下几方面：

①选用生长健壮，少病虫害、耐干旱、耐贫瘠、便于管理、具有地方特色的乡土树种为主。

②选用树形优美、冠大荫浓的遮阴树种。有利于夏季遮阳、降尘、减噪，为儿童创造空气清新、环境安静的游戏场地。

③选用无毒、无刺、无刺激性物种以及落果少、无飞絮物的树种。如不宜选择银杏、夹竹桃、雌株柳树和杨树等。

④儿童游戏场四周要乔灌结合种植，形成浓密的绿化效果（图4.54），这样既有利于儿童的安全，又不会使得居住小区内其他场地受到干扰。

⑤植物种类不宜太多，植物配植方式要适合儿童心理、色彩鲜艳、体态活泼，便于儿童记忆和辨认。

图4.53 丰富的儿童休息设施 　　　图4.54 儿童游戏活动场地周边乔灌木结合种植

4.3 居住小区运动、健身场地景观设计

4.3.1 设置运动、健身场地的意义

1)强身健体

在居住小区中设置运动、健身场地,可供人们进行体育锻炼、增强体质。随着生活节奏的加快,人们进行体育锻炼的时间越来越少,想要通过锻炼增强体质的想法却越来越强烈,在自己居住的小区进行锻炼,简单易行,效率较高。因此,在小区中设置运动、健身场地显得尤为重要。

2)休闲放松

在居住小区中设置运动、健身场地,可以使人们进行休闲放松的活动。运动休闲首先要使紧张的身心得到放松,这种放松不仅是指体力得到恢复,还包括精神疲劳的恢复,由身体上的放松进而促进心灵上的放松。

3)培养文明健康的生活方式

居住小区中的运动、健身场地可供人们进行打球、跑步、跳舞、打拳等活动,还可以发展成社区体育,使人们参与其中,感受运动的快乐、交往的惬意。人们在场地中还可以更好地融入室外环境,呼吸新鲜空气,缓解因长期接触电脑或空调而引起的身体不适,从而养成文明健康的生活方式。

4)增进交流与了解

居住小区中的运动、健身场地,不仅可供居民运动健身,同时也承担着交往空间的功能。它可以促进邻里交往,进而增进居民间的交流与了解。社会交往正是人们心理健康需求的一个重

要方面,居住小区中居民交往、健身空间环境的创建在一定程度上满足了人们的这种身体和心理需求。

5)鼓励人们亲近自然

居住小区中运动、健身场地的另外一个重要意义是"亲近自然"。小区中的运动、健身场地一般都与绿地结合布置,人们在运动健身时便与自然融为一体,增强了运动健身场地的吸引力。

4.3.2 居住小区运动、健身场地的类型

根据运动健身场地的用途不同,居住小区运动健身场地可分为专用健身运动场地、一般健身运动场地、游泳池等。

1)专用健身运动场地

居住小区专用运动场地包括居住小区内的羽毛球场、网球场、门球场、篮球场、小型足球场、微型高尔夫球场等专用场地。专用运动场地可根据居住小区的面积、人口、档次、住户需求等情况设置。中低档的居住小区一般配有乒乓球、羽毛球、篮球场等占地面积不大的专用运动健身场地(图4.55);中高档居住小区运动健身项目类型较为齐全,可配有网球、足球、高尔夫、攀岩、壁球等一些占地面积较大或成本较高的专用运动健身场地(图4.56、图4.57)。

图4.55　配有篮球场地的小区

图4.56　配有高尔夫球场的别墅区

图4.57　成本较高的专用运动场地

2)一般健身运动场地

一般健身运动场地是居住小区内可用于锻炼、健身等活动的场地。按照健身类型的不同,将其分为配备健身器材的运动场地,做操、跳舞的运动场地,散步、健身的运动场地等。

(1)配备健身器材的运动场地

在居住小区中配备健身器材的运动场地可满足居住小区内各种人群的运动需求。此类运动场地应配备专门的健身器械,如腿部按摩器、太极推揉器、太空漫步机、臂力训练器等(图4.58)。

(2)做操跳舞的运动场地

居住小区内各类广场用地和开敞、平坦的场地均可用作做操、跳舞的场地,日常为小区邻里交往、娱乐、休闲的场地,清晨和傍晚则成为中老年人做操、跳舞,青少年轮滑的健身运动场地(图4.59)。

(3)散步健身的运动场地

居住小区常设置运动健身路径,如滨水游步道、绿色健康跑道等(图4.60),供小区住户散步、跑步之用。此类健身场地为线性路径空间,中间间插点状小节点空间供人们休憩、观景、停留。

| 图 4.58 配有健身器材的运动场地 | 图 4.59 小区内做操跳舞的运动场地 | 图 4.60 小区内散步道 |

3)游泳池

在居住小区中,游泳池与景观设计结合非常紧密,它往往作为小区中重要的景观要素存在。通常游泳池与儿童戏水池、小区景观水体结合布置,可成为居住小区展示形象、展现活力的窗口(图4.61)。

4.3.3　居住小区运动、健身场地的景观设计

1)运动、健身场地规划设计原则

(1)针对需求设计

设置运动、健身场地的目的在于满足社区居民不同层次

图 4.61　与景观结合的游泳健身场地

的体育运动和健身活动的需求,因此要结合人体工程学、生理学、心理学等相关知识综合设计,要对社区居民的构成(包括数量、年龄组成、收入、职业状况)情况进行深入调查,同时还要对已有的体育设施及市场情况进行调查,以做出适合大多数居民需求的设计。

（2）空间秩序明确

在小区运动、健身场地的设计中,不同类型、不同功能的场地间应做到主次分明、重点突出。要以小区中心活动场地或大型运动场地及设施为主,以小型活动场地及健身设施为辅;以少年儿童和老年人的健身场地及设施为主,同时兼顾中青年人的健身需求。不同类型的场地间要进行合理的组织,使彼此间能够相互促进、相互带动。这样,不仅组织管理方便有效,场地及设施利用率高,而且层次分明、管理有序的健身场所有利于增进居民间的交往沟通,自然形成住区内的向心力、凝聚力。

（3）突出小区文化

在运动、健身场地设施的建设设计中,要充分了解和把握本社区的社会文化特征与景观环境风貌,对优秀的社区传统信息进行提炼、吸收,创造具有地域性、民族性和时代性的社区体育建筑符号,使之融入社区的整体环境中,进而保持整个社区历史文脉的延续性,给居民以强烈的认同感。

2）运动、健身场地规划设计重点

（1）运动、健身场地选址

运动、健身场地中进行的活动常常会对场地周边的居民造成一定影响,场地内部及其周围环境的地形、微气候等因素也会对在场地中运动、健身、休憩的居民造成影响,因此合理恰当的选址在运动、健身场地的规划设计中非常重要。好的场地能够为居民提供良好的运动、健身环境,并且减少对外界的影响(图4.62)。

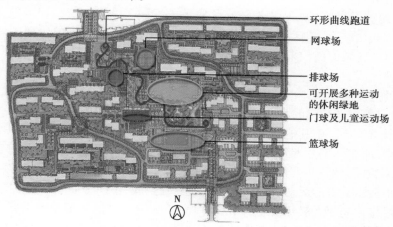

环形曲线跑道
网球场
排球场
可开展多种运动的休闲绿地
门球及儿童运动场
篮球场

N

图4.62 某小区的运动场地布局

在规划设计中,居住小区运动、健身场地选址应遵循以下原则:

①"可达性"原则。根据各级社区体育设施布置服务半径的要求,居住小区级为400～500 m,居住组团级为150～200 m。为保证居民方便到达,居住小区的运动、健身场地选择在邻近主要道路,或从小区的主要出入口进入即可看见且容易到达的地方。

②降低干扰原则。运动、健身场地应尽量避免对周边环境产生干扰。噪声较大的活动场地应位于居住小区的边缘，以防喧闹声和人流拥挤干扰居住小区安静的环境。篮球场、足球场等作为少年和成年人常去的地方，要与儿童游戏场、老年活动区有一定的距离，以防球伤到儿童或老人。另外，球类活动场地应远离易落叶的树木，以减少修剪、清扫树叶等维护工作，并且应远离居住小区建筑，以避免球打破窗户或灯具。

③地形及微气候适宜原则。运动、健身场地应处在阳光充足、通风良好、相对平坦的区域，此类区域大小应与不同类型的运动、健身场地相适应。场地还应考虑具有适当面积的遮阴地块，可供休息。一些特殊运动项目的场地设置应选择与微气候相适宜的地块，如羽毛球场应避开风口，器械健身场地应避开高温直射等。

④复合性利用原则。居住小区的运动、健身场地要与小区内的绿化、铺地、广场等有机结合。小区内各类广场用地和开敞、平坦的场地功能复合，既承担居民日常交往、休息功能，也成为中老年人清晨、傍晚时做操、跳舞、练太极拳的场所，也是青少年、儿童开展各种游戏，进行轮滑、滑板等健身运动的场地（图 4.63）。成片树林可兼作气功锻炼场地，散步道的节点空间可设置单杠、压腿杠等，草坡在冬天可用于雪板滑雪等。

图 4.63　居住区入口广场作为儿童活动场地

（2）运动场地的尺度

不同的运动健身项目，对场地的规模有不同的要求。居住小区中的各种运动健身场地可根据实际情况灵活设置。

专用健身运动场地所需用地规模，可在标准尺寸上有所扩展，通过对周边场地的合理设计，形成休息空间和观看空间。

配备健身器材的场地尺度，应根据该小区服务的居民人数来确定。配备健身器材的场地，在小区中一般按居住单元、片区或组团成分散点状布局，也可结合小区休闲广场、散步路径布置。单就健身器材区域的面积来讲一般较小，几十至上百平方米不等，周边可适当设计休息、观看区域（图 4.64）。

各类广场的尺度应综合该小区面积大小、服务居民人数、场地位置等因素来确定。对于人口较多、居住人口构成老龄化的小区，尺度应适当加大，各种广场数量也应增多，以满足小区人群运动健身的需求。小区中其他开敞、平坦的场地可补充居民对运动健身场地的需求，此类场地一般尺度较小，面积几平方米到几十平方米不等，由于其围和度和私密性较好，常成为喜欢安静的老年人晨练的好去处。

居住小区中散步健身的运动场地一般为线性路径空间，中间穿插点状节点空间，供人休憩、观景、停留，也可作为老年人晨练使用（图 4.65）。小区内可供散步健身的道路有滨水游步道、居住小区游园、组团绿地游步道等，宽度一般为 1.5 ~ 2.5 m。中间节点尺度较小，面积几平方米至几十平方米不等。设计一定面积的空地，可供居民打太极拳、做操，并可放置少量健身器材，满足居民健身运动需求。

居住小区的游泳池往往和戏水池、小区景观水体结合布置。由于居住小区规模不同，其尺度相差较大。表 4.3 介绍了一些主要运动健身活动场地的一般要求。

图 4.64 设置有休息设施的运动场地

图 4.65 配有休憩设施的节点空间

表 4.3 居住小区中主要运动健身场地所需要的最小用地面积

序号	项目名称	最小面积/m²	备 注
1	5 人足球场地	924	42 m×22 m
2	篮球场地	400	28 m×15 m
3	羽毛球场地	82	13.4 m×6.1 m
4	网球场地	670	36.6 m×18.3 m
5	乒乓球场地	72	12 m×6 m
6	门球场地	300	15 m×20 m
7	微型高尔夫球场地	300	每条球道长 10 m,宽 2 m
8	健身场地	140	约 30 人
9	跳舞场地	80	约 20 人
10	游泳池	400	20 m×20 m

(资料来源:《园林中的健康运动空间——城市健康运动公园》)

(3)合理配置景观要素

● 铺装

居住小区专用健身运动场地中的篮球场、网球场、小型足球场、高尔夫球场等,对地面铺装有专业的要求。运动场地设计应考虑场地的方向性、面层材料及排水系统。场地面层有草地、土地、硬质木板地、沙地、防滑硬质铺装、塑胶面层等。场地排水坡度宜为 0.3% ~0.4%,且黏土场地应设地下排水暗管。专业运动场地应根据其不同场地的要求,进行地面铺设。由于专业场地铺设的费用较大,后期管理养护也较为困难,因此,专门铺设的场地一般有小区安排的专人看护管理,对小区居民多采取收费使用的制度。中低档的居住小区对某些要求不高的专用运动场地采用简易的铺装,如在足球场地中用沙地代替草皮和塑胶铺装,在篮球场、羽毛球场中用混凝土地面代替专业的场地铺装等。虽然这些场地的简易铺装对人的保护性不够,但场地对小区内外均免费开放使用,大大提升了居民运动健身的概率。

配备健身器材的场地要有防护措施,健身器材尽量不要直接放置在硬质铺装地面上,要保证地面平整、防滑、雨天不积水等,最好采用保护性地面铺装,如沙地、树皮屑、弹性塑胶地垫等(图 4.66)。

图 4.66　铺设弹性塑胶地垫的健身器材运动场地　　图 4.67　铺设硬质材料的做操跳舞运动场地

做操跳舞等活动的广场铺装以硬质材料为主(图4.67),地面铺设形式和色彩搭配要有较高的观赏价值,不宜选用无防滑措施的光面石材、镜面砖等,条件好的可采用木质地板,增加地面的舒适度。广场地面要平坦,雨天不积水。

散步健身的运动场地,如滨水游步道、居住小区游园、组团绿地游步道等,铺设时要考虑老人使用方便、安全。滨水步道离水面要有一定宽度的绿地,否则要设置护栏。游步道宽度不能小于1.5 m。跑步健身步道的地面用平整、防滑的硬质材料铺设。道路要顺畅、便捷、平坦,避免高差的突然变化,尽量不要设置台阶;要防滑、不反光、雨天不积水。休闲健身步道地面有的用鹅卵石铺设(图4.68),通过行走在卵石路上按摩足底,达到健身目的。另外,过长的道路路面要有变化,而且每隔一段距离,可在路边设置休息椅或设置节点休憩空间。

图 4.68　铺设鹅卵石的健身步道

● 游泳池

游泳池的水通常情况下为静态的水,跟水池、湖面等一些观赏性的水景相比,还具有娱乐和健身的功能。居住小区游泳池设计首先要考虑安全性,入口处、池岸边、水池底部的铺装一定要作好防滑处理,以避免事故发生。在池的岸边或水中如果有花台的,必须经过打磨作圆角处理。

小区中游泳池的设计与景观设计结合相当紧密,可与戏水池和小区景观水体结合设置,成为小区一景。因此,游泳池的造型和水面设计应具有观赏价值。大多数游泳池的造型都是采用流畅、优美的曲线形式,以加强水的动感和景观设计的灵活性(图4.69)。在水池的底部铺贴美丽的花纹图案来丰富水景的色彩(图4.70)。泳池根据功能需要尽可能分为儿童泳池和成人泳池,儿童泳池深度0.6~0.9 m为宜,成人泳池深度1.2~2.0 m为宜。儿童池与成人池可以考虑统一设计,一般将儿童池放在较高位置,水经阶梯式或斜坡式跌水流入成人泳池,既保证了安全又可丰富泳池的造型。此外,居住小区的水景设计中一定要充分考虑到儿童戏水玩乐的水景设施,使他们能够在水中畅游或

图 4.69　景观游泳池平面图

赤脚在水中嬉戏。同时,在水边还可以设计一些以动物为主题的小品雕塑,起到烘托水景的作用,也能增加景观的趣味性(图4.71)。

图4.70 景观游泳池效果图

图4.71 具有景观趣味性的游泳池

● 公共设施

居住小区中的运动、健身场地能够吸引更多的居民到户外运动、游戏,提升小区空间的人气。与此同时,也增加了对公共设施的需求。完善的公共设施设置能更好地体现社区的人性化特点。

在设计运动健身场地的公共设施时要注意整体化设计的概念,应从小区整体环境景观风格和场地自身需求出发,选择公共设施,要注意造型、材料、色彩等方面的统一协调,做到与小区整体环境景观风格统一。

居住小区运动场地应配备的基本公共设施包括灯具、座椅、垃圾箱、指示牌、饮水设施等。在运动场地周边应设置适当数量的座椅,位置应设在大树下,向阳避风,并使休息的人容易观看到运动。专用运动场地的座椅造型样式应简洁大气,体现运动感与时尚感(图4.72)。设计时要在符合人体工程学的基础上,进行艺术化处理,提高设施的装饰性。适宜的高度为 30 ~ 45 cm,宽度应保证在 40 ~ 60 cm,以保证座椅的舒适性与实用性。座椅材料多为木材、玻璃钢、不锈钢、塑料等,选择木材时应作防腐处理,座椅转角处应作磨边倒角处理。

垃圾箱一般设在运动健身场地出入口附近和场地周围休憩区的位置,要同时符合垃圾分类收集的要求。垃圾箱分为固定式和移动式两种。垃圾箱设计不但要求美观更要功能兼备,而且能与周围景观相协调,材料选择要坚固耐用,一般可采用不锈钢、木材、石材、陶瓷材料制作,以便于清洗。

图4.72 体现运动感与时尚感的座椅

小区运动健身场地中的照明灯具主要为高杆照明灯,配合使用装饰灯。小区中运动健身场地的照明主要起到以下作用:

①照明可以增强对物体的辨别性,突出要表现的场地和设施。

②照明可以提高夜间出行的安全度,良好的照明是夜晚运动健身的基本保证。

③充足的亮度不仅可以保证居民在运动健身场地活动的正常开展,还可以为其他公共设施,如电话亭、车棚等,提供照明服务。

④运动健身场地的照明作为景观设计中的一部分,也宜选择造型优美灯具,为小区景观增色。

小区运动健身场地中的指示牌包括指引指示牌和警示指示牌。场地中指示牌安放的位置、尺寸、色调都应服务于场地的功能、美学要求。指示牌的色彩应较为明亮醒目,造型应富于动感。指示牌的用材牢固,耐腐蚀,不易破损,方便更换维修。各种指示牌应确定统一的格调和背景色调以突出居住小区整体形象,并与小区色彩规划协调统一(图4.73)。

图4.73　运动场地的指示牌

饮水设施是运动健身场地为满足人的生理卫生要求而设置的供水设施,同时也是小区环境的重要装点之一(图4.74)。饮水器宜放置在场地周边较为醒目处,以方便取水及直接饮用。直饮水设施要配合饮用水过滤设备,以保证水质健康安全。其高度宜在800 mm左右,供儿童使用的饮水器高度宜在650 mm左右,结构和高度还应考虑轮椅使用者的方便。直饮设施也可以作为雕塑小品来进行造型表现,这样更能体现人文风格和情趣。

● 体育设施

居住小区运动健身场地的体育设施主要是供居民使用的运动健身设施。健身设施设置是否合理关系到居民健身运动

图4.74　运动场地的直饮设施

能否顺利展开,健身设施的数量、位置、适合居民的程度直接影响到他们健身活动的质量。体育设施应保持多样性,给居住小区各类人群留有选择的余地。对此类设施设计时,要注意考虑各种因素,使其既能充分发挥使用功能,又能很好地融入小区自身的环境。

由于健身器械本身是一种人工味很浓的硬质景观,难免会破坏小区的自然景致,因此在设计时,要综合考虑铺装的形式、树池的形状以及器械的位置等,整体进行设计,一般建议选择蓝色作为器械的外观颜色,使其更好地融入环境,进而创造清爽宜人的健身场地。同时,对于各种健身器械要按照服务对象分区设置,如可以为中老年人设置健身型的器械,而为青年人设置力

量型的器械。对于球类活动用的网架设施,要结合其整体设计来选择,尤其要注意材料的选择,可考虑能较好融入环境的环保或可循环使用的材料。

此外,在设计时还应注意以下几点:体育设施周边应设置一定面积的休息区以促进运动间歇的邻里交往和过往居民的观看交流;球类运动场地应远离儿童活动区域,以免造成伤害;应充分考虑宅间体育设施的设置,以方便老人使用。

● 植物配置

居住小区的绿化种植搭配多样、空间变化丰富,能够较好地展现自然之美和体现人与自然的和谐关系。绿化配置上,植物配置突出"草铺底、乔遮阴、花藤灌木巧点缀"的绿化特点,同时尽量使其能发挥最佳生态效益。居住小区中运动健身场所的植物配植设计原则是贴近自然风貌,弱化人工干预的痕迹,体现运动精神。运动场所周围的植物配置,要考虑到运动本身的形式特点,还要注意运动给居住者提供何种服务的环境特点。

适合专用健身运动场地栽植的树种要落叶少,树种应少污染,最好是树冠美丽的常绿树种,也要避免栽植大量扬花、落果、落花的树木,以减少对运动场地的不利影响以及场地的清扫工作。场地边植物配植需要注意灌木、花卉与乔木合理搭配,速生、慢生树种远近结合考虑,常绿、落叶植物搭配比例以及季相变化可为场地景观带来美感;注意四季景观的变化,特别是人们使用室外活动场地较长的季节;树种体量的选择应同运动场地的尺度相协调,层次分明,重点突出;地被则可以使用一些具有野趣的草本植物;对周围环境可能有一定影响的运动场地周边可选择利用树木围合成独立的空间,既能够创造较好的视觉感受,又能有一定的隔音作用。另外,植物还能吸附空气中的粉尘,对空气起净化作用,也能降低风沙对小区居民运动健身活动的影响。(图4.75)

一般健身运动场地的植物配植则需要考虑将健身、观赏与游憩结为一体,既要注重在配植中体现运动精神,又要注重植物的美观亲切。配备健身器材的运动场地与散步健身的运动场地周边可设游廊、花架等,或种植较具观赏性的中小型乔木,并进行合理配置和组织,保证夏季有足够的遮阴,冬季有足够的阳光。

游泳健身场地周边的植物首先要保证落叶少、污染少、扬花少、落果少,其次,由于人在水中活动,水会对眼睛有一定刺激,周边的植物配植要选择颜色柔和清新的品种,帮助提升视觉上的舒适度。游泳池周边植物的配植也需要针对游泳池本身的性质进行设计,如较为开放的、较多儿童戏耍的游泳池周边可以选择一些低矮的观赏型地被与灌木,以适应人在游泳池中的视线高度;而半开放型的、以休闲为主的游泳池周边则可选用颜色较为活泼的绿篱,如法国冬青、大叶黄杨等,可以根据需要修剪为半人至一人高(图4.76)。

图4.75　健身运动场地植物配植效果

图4.76　游泳池周边植物配植效果

- 无障碍设计

　　在居住小区的公共环境中无障碍设施是必不可少的一部分，运动健身场所中的无障碍设施的设置则更为重要，因为身体障碍者更需要享受户外运动的乐趣和舒适的环境空间。

　　无障碍通道的设计应安全、平坦。在设计时采用在物理上和心理上都令人感到安心的防滑、防碰撞地面材料，如防滑的特殊软质橡胶地砖，表面有状凹凸条纹。为便于轮椅通行，地面应平坦无高差，有高差的地面应设置缓坡。坡道侧设置扶手，高者为高龄者和身体障碍者使用，矮的为坐轮椅者和儿童使用；器械健身场地中，器械之间应留有足够轮椅通过或驻留的空间，通往各处的动线应简单明了，标示设置位置合理、通俗易懂。

4.4　居住小区交通系统设计

4.4.1　居住小区道路类型和分级

1）居住小区的道路类型

　　居住小区道路一般分为车行道和步行道两类（图4.77）。车行道担负着小区与外界及小区内部机动与非机动车的交通联系，是居住小区道路系统的主体和骨架。步行道沟通居住小区的居住单元、各类绿地空间、户外活动场地和公共建筑。在人车分流的小区交通组织体系中，车行交通与步行交通互不干扰，车行道与步行道在居住小区各自独立形成完整的道路系统，此时的步行道往往具有交通和休闲双重功能。在人车混行的居住小区交通组织体系中，车行道几乎担负了小区内外联系的所有交通功能，步行道则作为各类绿地和户外活动场地的内部交通和局部联系道路，更具有休闲功能。

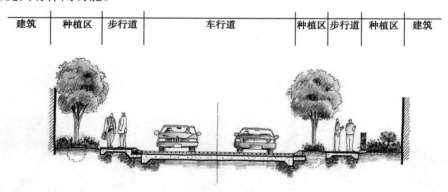

图4.77　标准道路断面图

2）居住小区的道路分级

　　小区道路通常可分3级，即居住小区级道路、组团级道路和宅间小路。规划中各级道路宜分级衔接，以形成良好的交通组织系统，并构成层次分明的空间。

①居住小区（级）道路：它是居住小区内外联系的主要道路，道路规划宽度一般不小于14 m（采暖区）或10 m（非采暖区），路面宽度6～9 m，多采用一块板的断面结构。

②组团（级）道路：它是居住小区内的主要道路，道路规划宽度不小于10 m（采暖区）或8 m（非采暖区），路面宽度3～5 m，车行道宽度为5～7 m。

③宅间小路：它是通向各户或各住宅单元入口的道路，宽度不宜小于2.5 m。

4.4.2　居住小区交通系统设计原则

1）安全性原则

①居住小区内避免过境车辆的穿行。当公共交通线路引入居住小区级道路时，应减少交通噪声对居民的干扰。

②居住小区的内外联系道路应安全便捷，既要避免往返迂回和外部车辆及行人的穿行，也要避免对穿的路网布局。

③在地震烈度高于6度的地区，应考虑防灾救灾要求，保证有通畅的疏散通道，保证消防、救护和工程救险等车辆的出入。

2）系统性原则

①根据居住小区地形、气候、用地规模、人口规划、规划组织结构类型、规划布局、用地周围的交通条件、居民出行方式与行动轨迹以及交通设施发展水平等因素，规划设计经济、便捷的道路系统和道路断面形式。

②道路的布置应分级设置，以满足居住区内不同的交通功能要求，形成安全、安静的交通系统和居住环境。

③有利于居住小区内各类用地的划分和有机联系，以及建筑物布置的多样化。

④应满足地下工程管线的竖向及埋设要求。

⑤在旧城改建地区，道路网规划应综合考虑原有地上地下建筑及市政条件和原有道路特点，保留和利用有历史文化价值的街道。

3）功能性原则

①满足居民日常出行以及区内商店货车、消防车、救护车、搬家车、垃圾车和市政工程车辆通行要求，并考虑居民小汽车通行需要。

②区内道路布置应满足创造良好的居住卫生环境的要求，区内道路走向应有利于住宅的通风、日照。

③区内道路网的规划设计应有利于区内各种设施的合理安排，并为建筑物、公共绿地等的布置及创造有特色的环境空间提供有利条件。

④区内道路布置应有利于寻访、识别街道命名、编号及编排楼门号码。

4）生态性原则

居住小区内的道路在满足路面路基强度和稳定性等道路的功能性要求前提下，应落实低影响开发理念及控制目标，减少道路径流及污染物外排量，路面、地面停车场应满足透水要求。

4.4.3 居住小区车行道路及设施的规划设计

1）机动车道的规划要求

①居住小区内道路与外围道路至少应有2个出入口，以保证有良好的内外联系。当居住小区级道路在城市交通性干道上开出口时，其出口间距应在150 m以上。当居住小区道路与城市道路相交接时，其交角不宜小于75°（图4.78），这样可以避免对城市交通的干扰，保证安全。

图4.78　道路交叉路口平面示意

②在居住小区的公共活动中心内，应设置为残疾人通行服务的无障碍通道，通行轮椅的坡道宽度不应小于2.5 m，纵坡不应大于2.5%。

③区内尽端式车道长度不宜超过120 m，在尽端应设12 m×12 m的回车场地。

④当区内用地坡度大于8%时，应辅以梯步解决竖向交通，并宜在梯步旁附设自行车推行车道。

⑤在多雪地区，考虑堆积清扫道路积雪面积，区内道路可酌情放宽。

⑥小区内需考虑私人小汽车和单位通勤车的停放场地。

⑦区内道路的纵坡应符合居住小区内道路纵坡控制指标（表4.4）。

表4.4　居住小区内道路纵横坡控制指标

道路类型	最小纵坡/%	最大纵坡/%	多雪严寒地区最大纵坡/%
机动车道	≥0.2	≤8.0 $L \leq 200$ m	≤5.0 $L \leq 600$ m
非机动车道	≥0.2	≤3.0 $L \leq 50$ m	≤2.0 $L \leq 100$ m

续表

道路类型	最小纵坡/%	最大纵坡/%	多雪严寒地区最大纵坡/%
步行道	≥0.2	≤8.0	≤4.0

注:L 为坡长。

⑧对机动车与非机动车混行的道路纵坡,宜按非机动车道纵坡控制指标或分段按非机动车道纵坡控制指标要求控制;对山区和丘陵地区的道路系统规划设计,人行与车行宜自成系统,分开设置,路网布局形式应因地制宜,主要道路宜平缓,路面可酌情缩窄,但同时应安排必要的排水沟和会车位置。

⑨在多雪严寒的山坡地区,区内道路路面应考虑防滑措施;在地震设防地区,区内主要道路宜采用柔性路面。

⑩区内道路边缘至建筑物、构筑物的最小距离,应符合有关规定,以满足建筑底层开门开窗、行人出入,不影响道路通行以及安排地下工程管线、地面绿化,减少对底层住户视线干扰等要求。

⑪沿街建筑物长度超过 150 m 时,应设宽度与高度均不小于 4 m 的消防车通道。

⑫人行出口间距不宜超过 80 m,当建筑物长度超过 80 m 时,应在建筑物底层设人行通道,以满足消防规范的有关规定。

可充分利用道路自身及周边绿地空间落实低影响开发设施,结合道路横断面和排水方向,利用不同等级道路的绿化带、车行道、人行道和停车场建设下沉式绿地、植草沟、雨水湿地、透水铺装、渗管(渠)等低影响开发设施,通过渗透、调蓄、净化方式,实现道路低影响开发控制目标。

2)居住小区交通模式

小区道路系统规划通常是在居住小区交通组织规划下进行的,小区的交通组织规划可分为"人车分行"和"人车混行"两大类,在这两类交通组织体系下综合考虑城市道路交通、地形、住宅特征和功能布局等因素,居住小区的道路系统在联系形式上有互通式、尽端式和综合式(图4.79)三种,在布局上可有三叉形、环形(图4.80)、半环形、树枝形、风车形、自由形等多种形式。

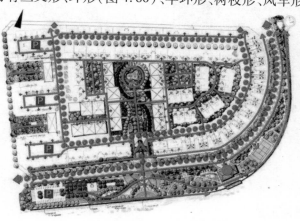

图 4.79　综合式道路布局

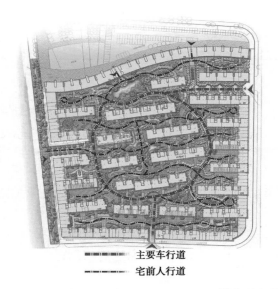

A区：入口主景

B区：中心花园

C区：宅间景观

主要车行道

宅前人行道

图 4.80　环形道路布局

（1）人车分流的道路形式

"人车分流"的交通组织形式是 20 世纪 20 年代在美国首先提出并在纽约郊区的雷德朋居住小区实施。"人车分流"体系力图保持居住小区内安全和安静,保证社区内各项生活与交往活动正常舒适地进行,避免居住小区大量私人汽车交通对居住生活环境的影响(图 4.81)。小区内汽车和行人分开,车行道分级明确,常设置在小区或住宅组群周围,且以枝状或环状尽端式道路伸入小区或住宅组群内部,在尽端式道路尽端需设停车场或回车场。步行道则常贯穿小区内部,将绿地、户外活动场地、公共建筑和住宅联系起来。

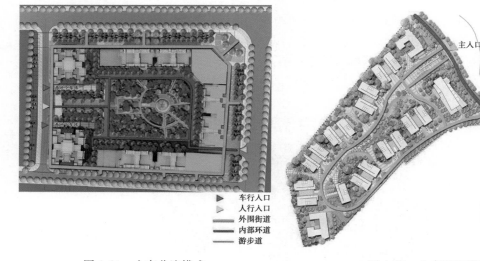

N

主入口

次入口

车行入口

人行入口

外围街道

内部环路

游步道

入口

城市干道

内部环路

图 4.81　人车分流模式　　　　　　　　图 4.82　人车混流模式

（2）人车混流的道路形式

"人车混流"是一种最常见的居住小区交通组织体系。与"人车分流"的交通组织体系相比,在私人汽车不多的地区,采用这种交通组织方式既经济又方便(图 4.82)。小区内车行道分级明显,并贯穿于居住小区内部,道路系统多采用互通式、环状尽端式或两者结合使用。

3)居住小区道路设计规范

(1)居住小区道路最小宽度要求

道路宽度是道路空间的重要因素。从人体工学的角度来衡量,道路空间尺度应符合人、车及道路设施在道路空间的交通行为,它包括人与车的流量、速度、数量、尺度,以及各种道路设施的数量、尺度和技术要求。居住小区各类道路的最小尺寸为:

①机动车行道:单车道宽 3~3.5 m,双车道宽 6~6.5 m。

②非机动车道:自行车单车道宽 1.5 m,双车道宽 2.5 m。

③人行道:一条人行道宽度建议值为 0.6~0.8 m,设于车行道一侧或两侧的人行道最小宽度为 1 m。

④人行梯道:当居住小区用地坡度或道路坡度≥8%时,应辅以梯步并附设坡道供非机动车上下推行,坡道坡度比≤15/34。长梯道每 12~18 级需设一平台。

(2)平曲线半径的选择

当道路由一段直线转到另一段直线上去时,其转角的连接部分均采用圆弧形曲线,这种圆弧的半径称为平曲线半径。自然式园路曲折迂回,在平曲线变化时主要由下列因素决定:

①园林造景的需要。

②当地地形、地物条件的要求。

③在通行机动车的地段上,要注意行车安全。在条件困难的个别地段上,在园内可以不考虑行车速度,只要满足汽车本身的最小转弯半径就行。因此,其转弯半径不得小于 6 m。

(3)道路折线长度

折线或蛇形等曲折线形道路要保证必要的转折长度,以便于车辆顺利通过。

(4)道路尽端

尽端式道路为方便行车进退、转弯或调头,应在该道路的尽端设置回车场,回车场的面积应不小于 12 m×12 m。

(5)道路纵横坡度

一般路面应有8%以下的纵坡和1%~4%的横坡,以保证路面水的排除。不同材料路面的排水能力不同,因此,各类型路面对纵横坡度的要求也不同,见表4.5。

表 4.5　路拱横向坡度的数值参考

路面面层类型	i_0 路拱坡度/%	路面面层类型	i_0 路拱坡度/%
水泥混凝土	1.0~1.5	手摆块石路面	1.5~4.0
沥青混凝土	1.0~1.5	碎、砾石等粒料路面	2.0~4.0
其他黑色路面	1.5~2.5	加固土路面	3.0~5.0
整齐石块路面	2.0~3.0		

(以上数据来源于《景观与园景建筑工程规划设计》)

(6)低影响开发要求

①路面排水宜采用生态排水的方式。路面雨水首先汇入道路绿化带及周边绿地内的低影

响开发设施,并通过设施内的溢流排放系统与其他低影响开发设施或城市雨水管渠系统、超标雨水径流排放系统相衔接。

②人行道路面宜采用透水铺装,透水铺装路面设计应满足路基路面强度和稳定性等要求。

4)机动车道的竖向设计与排水

居住小区道路的竖向设计应包括地形地貌的利用、确定道路控制高程和地面排水规划等内容。路面排水宜采用生态排水的方式,将道路雨水引入道路周边绿地内的低影响开发设施进行消纳。应遵循以下原则:

①根据现有地形和功能需求,减少道路施工土方量。
②符合适用坡度的规定。
③满足道路纵向和横向排水的要求。
④满足排水管线的埋设要求。
⑤对外联系道路的高程与城市道路标高相衔接。
⑥道路横断面设计应优化道路横坡坡向、路面与道路绿化带及周边绿地的竖向关系等,便于径流雨水汇入绿地内低影响开发设施。

5)机动车停车设施的布置形式与原则

(1)机动车停车方式与基本尺寸
①标准车型及停车面积的确定(表4.6)。

表 4.6　车辆外轮廓设计尺寸

种　类	机动车		非机动车	
车　型	小型汽车	普通汽车	自行车	三轮车
总长/m	5	12	<2	<3.4
总宽/m	1.8	2.5	<0.6	<1.25

注:总长:机动车为车辆前后保险杠之间的距离;自行车为前轮前缘和后轮后缘之间的距离;三轮车为前轮前缘至车厢后缘之间的距离;板车、畜力车为车把前端至车厢后缘的距离。

总宽:自行车为车把之间的宽度,其余均为车厢宽度(不包括后视镜)。

(以上数据来源于《景观与园景建筑工程规划设计》)

②停车场面积确定(表4.7)。
停车场面积取决于单位停车面积和计划停车数量,单位停车面积取决于车辆尺寸、车辆最小转弯半径、车辆停放排列方式、发车方式和车辆集散要求。初步计算停车场面积,一般按25～30 m²/停车位计算,具体换算系数分别为:

微型车:0.7;小汽车:1.0;中型汽车:2.0;大型汽车:2.5;铰接汽车:3.5;三轮摩托:0.7。

表 4.7　停车场面积计算表

序　号	项目　所需尺寸　停车方向	平行道路中心线	垂直道路中心线	与道路中心线斜交呈 45°～60°角
1	单行停车道宽度/m	2.5～3	7～9	6～8

序　号	项目　所需尺寸　停车方向	平行道路中心线	垂直道路中心线	与道路中心线斜交 呈45°~60°角
2	双行停车道宽度/m	5~6	14~18	12~16
3	单向行车时两行车停车道之间通行道宽度/m	3.5~4	5~6.5	4.5~6
4	一辆汽车所需面积(包括通车道)/m²	22	22	26
	小汽车、公共汽车、载重汽车/m²	40	36	28
5	100辆汽车停车场所需面积/m²	0.3	0.2	0.3~0.4
	小汽车、公共汽车、载重汽车/m²	0.4	0.3	0.7~1.0 特大型
6	100辆自行车停车场所需面积/ha	0.14~0.18			

（以上数据来源于《景观与园景建筑工程规划设计》）

③机动车停车方式与基本尺寸见表4.8。

表4.8　小型车停车场设计参数

车类	停车角	停车方式	停车带宽	平行于通道的停车宽 B/m	通道宽 S/m	单位停车宽度 W/m	单位停车面积 A/m²
小轿车Ⅰ类	30	FS	6.1	6.6	5.0	17.2	56.8
	45	FS	6.9	4.7	5.0	18.8	44.2
	45 交叉	FS	5.8	4.7	5.0	16.6	39.0
	60	FS	7.3	3.8	6.0	20.6	39.1
	60	LS	7.3	3.8	5.5	20.1	38.2
	90	FS	6.5	3.3	10.0	23.0	38.0
	90	LS	6.5	3.3	7.0	20.0	33.0
	平行	FS	3.3	9.5	4.0	10.6	50.4
小轿车Ⅱ类	30	FS	5.2	5.6	4.0	14.4	40.3
	45	FS	5.9	4.0	4.0	15.0	31.6
	45 交叉	FS	4.9	4.0	4.0	13.8	27.6
	60	FS	6.2	3.2	5.0	17.4	27.8
	60	LS	6.2	3.2	4.5	16.9	27.0
	90	FS	5.5	2.8	9.5	20.5	20.7
	90	LS	5.5	2.8	6.0	17.0	23.8
	平行	FS	2.8	7.5	4.0	9.6	36.0

续表

车类	停车角	停车方式	停车带宽	平行于通道的停车宽 B/m	通道宽 S/m	单位停车宽度 W/m	单位停车面积 A/m^2
大型车Ⅰ类	30	FS	8.8	7.2	5.5	$W_1 = 13.6$	$A_1 = 97.9$
		FF	8.8	7.2	4.0		
	45	FS	10.6	5.1	6.5	$W_1 = 16.9$	$A_1 = 86.2$
		FF	10.6	5.5	6.0		
	60	FS	11.7	4.2	9.0	$W_1 = 19.7$	$A_1 = 86.2$
		FF	11.7	4.2	7.0		
	90	FS	11.4	3.6	12.0	$W_1 = 23.4$	$A_1 = 84.2$
		FF	11.4	3.6	11.9		
	0	LS	3.6	15.4	4.5	$W_2 = 11.7$	$A_2 = 90.1$
		FF	3.6	15.4	4.5		
大型车Ⅱ类	30	FS	7.6	7.0	5.0	$W_1 = 12.1$	$A_1 = 84.7$
		FF	7.6	7.0	4.0		
	45	FS	9.0	5.0	6.0	$W_1 = 14.8$	$A_1 = 73.3$
		FF	9.0	5.0	5.5		
	60	FS	9.75	4.0	8.0	$W_1 = 17.0$	$A_1 = 68.0$
		FF	9.75	4.0	6.5		
	90	FS	9.0	3.5	10.0	$W_1 = 19.1$	$A_1 = 66.9$
		FF	9.2	3.5	9.7		
	0	LS	3.5	13.2	4.5	$W_2 = 11.5$	$A_2 = 75.9$
		FS	3.5	13.2	4.5		

（以上数据来源于《景观与园景建筑工程规划设计》）

　　④机动车停车设施的几种基本形式。机动车停车设施一般有集中或分散式停车库、集中或分散式停车场、路边分散式停车位和分散式私人停车房几种形式。在低层花园式居住小区中，较多采用分散式的私人停车房或路边停车位；在多层居住小区中，多采用分散式的停车场或停车库；在高层居住小区中或大型公建周围，较多采用集中式的停车场或停车库。

　　（2）机动车停车设计的规划布置形式和原则

　　居住小区机动车停车库（位）的规划布置应根据整个居住小区的整体道路交通组织规划来安排，以方便、经济、安全为规划原则。有分散于住宅组团中或绿地中的停车库或露天停车位，也有集中于独立地段的大中型停车场或停车库。

　　①机动车停车库（场、位）一般采用集中与分散相结合的规划布置方式。集中式停车库（场）一般设于小区的主要出入口或服务中心周围，以方便并限制车辆进入小区；分散式停车场

（库）一般设于住宅组团内或组团外围,靠近组团出入口以方便使用,同时应注意设置步行道与住宅出入口及区内步行系统相联系,以创造良好的居住环境。

②为减少车辆对小区内部的交通干扰,应在小区进出口边缘地带及通向尽端式道路附近设置专用停车场地或留有备用地。

③停车场应按不同类型及性质的车辆,分别安排场地停车,以确保进出安全与交通疏散,提高停车场使用效率,同时应尽可能远离交叉口,避免交通组织复杂化。

④停车场内交通路线必须明确,宜采用单向行驶路线,避免交叉,并与进出口行驶的方向一致。

⑤停车场设计须综合考虑场内路面结构、绿化、照明、排水以及停车场的性质,配置相应的附属设施(图4.83)。

⑥停车场面层可选用透水铺装和透水水泥混凝土铺装(可参考图4.87),可补充地下水并具有一定的峰值流量削减和雨水净化作用,但易堵塞,寒冷地区有被冻融破坏的风险。

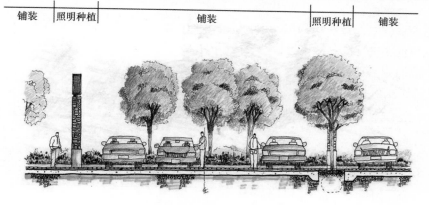

图4.83　停车场断面图

4.4.4　自行车道及停车设施的规划设计

1)自行车道设计的技术规范

（1）自行车道基本尺寸

设计中采用的自行车车道宽度为:

1车道:0.6 m+0.45 m+0.45 m=1.5 m

2车道:0.6 m×2+0.45 m×3=2.55 m

3车道:0.6 m×3+0.45 m×4=3.6 m

4车道:0.6 m×4+0.45 m×5=4.65 m

（2）自行车道的允许坡度

最小纵坡≥0.3%;最大纵坡≤3%(坡长不大于50 m)。

（3）自行车道的平曲线半径

最小半径≥10 m。

2)自行车停车设施

（1）自行车停车的基本尺度

①自行车基本尺寸见表4.9。

表4.9　自行车基本尺寸

类　型	长/mm	宽/mm	高/mm
28英寸	1 940	520～600	1 150
26英寸	1 820	520～600	1 000
20英寸	1 470	520～600	1 000

（以上数据来源于《景观与园景建筑工程规划设计》）

②自行车停车面积计算：

一辆标准自行车停放面积$=0.6\ m\times1.86\ m=1.1\ m^2$

重叠停放面积$=0.74\times(n-1)+1.1$

斜式停放面积$=0.54n\times1.32$

（2）不同的停车方式及停车尺寸（表4.10、表4.11）

表4.10　自行车单位停车面积（以28吋车为标准）

停车方式 （与通道所成角度）	单位停车面积/（m²·辆⁻¹）	
	单排停车	双排停车
90°（垂直）	2.10	1.71
60°	1.60	1.35
45°	1.30	1.10
30°	1.10	0.95

（以上数据来源于《景观与园景建筑工程规划设计》）

表4.11　自行车停车带宽度和通道宽度

停车方式 （与通道所成角度）	停车带宽度/m		车　辆	车辆宽度/m	
	单　排	双　排	间距/m	单面使用	双面使用
90°（垂直）	2.0	3.2	0.6	1.5	2.5
60°	1.7	2.9	0.5	1.5	2.5
45°	1.4	2.4	0.5	1.2	2.0
30°	1.0	1.8	0.5	1.2	2.0

3)自行车停车设施规划布局形式与原则

自行车停车设施有独立停车库、停车棚、住宅底层、地下或半地下停车房和住宅出入口露天

停放几种常见形式。停车方式有集中停放和分散停放两大类。大中型集中式独立停车库和停车棚通常设于居住小区或集中式组团中部或主要出入口处,并具有合适的服务半径为整个小区或组团的居民服务;中小型集中式停车棚或露天停车场常设于公共建筑前后或住宅组团内,为组团内和使用公共建筑的居民服务;小型分散式停车棚、住宅底层(地下、半地下)停车房和露天停车位常为一栋住宅内的居民服务。

以上各类停车形式各有利弊,并常常结合使用,规划应以方便、经济、安全为原则。

4.4.5 居住小区步道及设施的规划设计

1)步行道的基本尺寸

(1)行人步距(表4.12)

表4.12 行人步距值 L(单位:m)

性 别	年龄构成	
	青壮年	老 年
男	0.93~1.02	0.88~0.70
女	0.86~0.90	0.84~0.50

(以上数据来源于《景观与园景建筑工程规划设计》)

(2)行人的横向净空值(表4.13、图4.84)

表4.13 行人的横向净空值

行人类型(游人)	横向净空/m		行人类型(游人)	横向净空/m	
	男	女		男	女
空身	0.65	0.65	抱小孩	0.70	0.70
带一提包	0.70	0.70	带小孩	0.90	0.95

图4.84 行人净空

(3)步行道允许的坡度

步行道最大限制坡度为8%,坡度超过6%必须铺设防滑设施,坡度超过8%一般应设台阶。

（4）步行速度（表4.14）

表4.14　步行速度（单位:km/h）

行人类型道路性质	老　年	青壮年	抱　孩	带　孩
区域性道路	3.0	3.8	3.0	2.8
	3.2	4.1	3.2	3.0
居住小区道路	3.2	4.2	3.5	3.0
园路	2.5	3.0	2.5	2.5

（以上数据来源于《景观与园景建筑工程规划设计》）

2) 步行道的宽度和通过能力

（1）通行能力建议值

区域性干道:700~1 100人/（条·h）或800~1 200人/（条·h）

居住小区道路:750~1 250人

游步道:650~950人

（2）步行道宽度建议值（表4.15）

表4.15　步行道宽度建议值

人行道条数	1	2	3	4	5	6
人行道宽度/m	0.6~0.8	1.5	2.3	3.0	3.7	4.5

（以上数据来源于《景观与园景建筑工程规划设计》）

3) 步行道的路面铺装

①砖瓦铺路:采用建筑用砖或特殊块砖铺装而成。风格朴素淡雅,施工简便。适用于庭院和古建筑附近。耐磨性差,容易吸水,适用于冰冻不严重和排水良好之处。

②冰纹路:用块料碎片模仿冰裂纹样铺砌的路面,碎片间接缝呈不规则折线。可用水泥仿制,在未干时模印冰裂花纹,表面拉毛。适用于池畔、山谷、草地、林中游步道。

③乱石路:用天然块石大小相间铺筑的路面。

④条石路:条石路是用经过人工加工后的长方形石料铺筑的路面,多用于广场、殿堂和纪念性建筑周围,如图4.85所示。

图4.85　条石铺装形式

⑤预制混凝土方砖路:用水泥混凝土预制的规格几何形砖铺筑的路面(图4.86),适用于园林中的广场和规则式路段。

图4.86 预制混凝土铺装

⑥步石、汀步:步石是置于陆地上的天然或人工整形的石块,多用于草坪、林间、岸边或庭院等。汀步是设在水中的岩石,可自由地布置在溪涧、滩地和浅池中。

⑦道路人行道宜采用透水铺装,透水铺装按照面层材料不同可分为透水砖铺装、透水水泥混凝土铺装和透水沥青混凝土铺装,嵌草砖、园林铺装中的鹅卵石、碎石铺装等也属于渗透铺装(图4.87)。

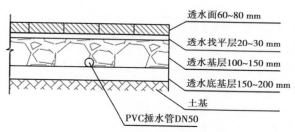

图4.87 透水铺装典型结构

⑧步行道路面铺装的几种变化处理 各种铺装形式如图4.88所示。

图4.88 各种铺装形式

4.5 居住小区照明设计

4.5.1 景观照明的目的和原则

1)景观照明的目的

照明作为景观素材进行设计,既要符合夜间使用功能,又要考虑白天的造景效果,必须设计或选择造型优美别致的灯具,使之成为一道亮丽的风景线。

景观照明的目的主要有以下几个方面:

①增强对物体的识别性:提供不同等级的照明效果有助于提高使用者的方向感,以适应不同的分区和场地的利用。而微妙的照明差异有助于区分主干道和次干道、支路和各个功能区,在具体应用中可以通过不同的灯光亮度、高度、距离和灯的颜色来实现。

②提高夜间出行的安全度:清晰的照明形式和有效的光照覆盖,有利于确保行人安全。在适当的地方安装照明灯具,消除潜在的照明死角,能够明显地提高居民的安全感。

③保证居民晚间活动的正常开展:场地照明是居民夜间活动的必要保证,适度的夜间照明,能为居民社交、集会及夜间活动提供一个舒适、安全、便利的活动场所。

④营造环境氛围:白天室外空间的设计意图,可通过夜晚对特色景物强烈的照明、背景空间的适当衬托以及和谐的色彩得以强化。

2)景观照明的原则

(1)景观的整体性

景观的整体感是靠共性体现出来的,要求景物元素之间的呼应。整体感表现得好,才能创造协调气氛。如建筑外体照明不能单纯考虑所涉及的一幢建筑的一个或几个面,还要考虑周围其他景物(建筑、小品、植物等元素)的情况。

(2)景观的层次感和立体感

层次感是指景物空间中主景与配景之间的关系。层次感可通过虚实、明暗、轻重、大面积的给光和勾画轮廓等多种手法来体现,要结合建筑本身的造型、结构进行具体分析,同时要考虑建筑物和空间的关系(图4.89)。

(3)景观的趣味性和韵律感

通过光线和照明灯具的组合,创造具有动感和观赏性的光线组合;也可利用光线的有节奏的变化,形成视觉上的韵律感(图4.90)。

(4)灯具设施的隐蔽性

夜景观照明的灯具设施尽可能地结合环境特征和结构设计隐蔽起来,尽量做到见光不见灯。

| 图4.89　利用灯光营造景观的层次感 | 图4.90　具有观赏性的光线组合 |

（5）节约能源，提倡绿色照明

夜景照明需要消耗数量可观的电能。通过对灯具光源的选择和灯光的组织，设计符合绿色生态理念的夜间环境。

4.5.2　景观照明的基本知识

1）光与视知觉的概念

（1）视觉

光以及被照射到的物体反射后刺激人的视觉系统，就产生了视觉。产生良好舒适的视觉效果是进行夜景照明的最终目的，其效果直接决定着夜景照明的质量，并且影响了大多数人的夜心理与夜行为。

（2）明视觉与暗视觉

人的眼睛有两种视觉：明视觉和暗视觉。在照度较高的条件下（视场亮度在 100 cd/m^2 以上），眼睛处于明视觉状态，锥状细胞工作，有丰富的色感；而在低照度下，眼睛处于暗视觉状态，杆状细胞工作，对色彩的分辨较白日有很大程度降低，而对动态的物体感觉敏锐；夜晚，人的眼睛一般处于暗视觉状态，注重色彩对比和亮度对比，以及适当增加的动态设计，使用对人眼视觉灵敏度高的光线，能在夜晚突出建筑物的精彩部位营造景观的高潮。

（3）光的本质

光本质是作用于人眼产生视觉的电磁辐射。任何物体发射和反射足够数量的合适波长的辐射能，作用于人眼睛的感受器官，就可看见该物体。

（4）光度量

光度量是基于人眼视觉的量化参数。完整的照明过程量化简单描述见表4.16。

表4.16　光度量的名称释义和单位

名　称	释　义	单　位
光通量	单位时间内光源发出光（辐射）的总量	流明（lm）
光强	光源光通量在空间的分布密度（立体角）	坎德拉（cd）

续表

名　称	释　义	单　位
照度	被照射面接收的光通量	勒克斯(lx)
亮度	光源或被照面的明亮程度	坎德拉每平方米(cd/m²)

(5)光的显色性

显色性是指光源的光照射在物体上所产生的客观效果。光源对于物体颜色呈现的程度称为显色性,也就是颜色逼真的程度。显色性高的光源对颜色的表现较好,所看到的颜色就接近自然颜色,显色性低的对颜色的表现较差,所看到的颜色偏差也较大。例如,钠灯发出的光主要是黄色,当黄光照在蓝布上,蓝布将黄光吸收,虽然蓝布能反射蓝光,但钠灯发出的光中基本上没有蓝光,因此在钠灯的照射下就变成黑布了。

(6)光的运用

①光是材料:砖石、灰泥、混凝土、钢与玻璃等为构建景观提供了丰富的素材,光与影同样是素材,并且能够通过对其他材料的表现,提高或改变材料的塑造力。

②光与影的结合:光与影是相对立的,设计阴影就是设计灯光,通光明亮的表现没有光影的塑造效果强。

③光法自然:黄昏、落日、朝霞夕暮,人工光的原形都有可能是对自然的模仿。人工光与自然光相比,犹如被细分的小件,可以精确地控制和组合。

④光的生态:用最小消耗的光,取得最大程度的舒适,同时减少对环境的破坏和影响。

2)光源与景观照明效果

(1)人工电光源的分类(表4.17)

表4.17　电光源分类

电光源										
热辐射固体电光源				气体放电电光源						
白炽类		LED灯	场致发光	弧光放电灯						辉光放电灯
				低气压灯具			高气压灯具			高气压
普通和充气白炽灯	卤钨灯(碘钨灯、溴钨灯)			低压钠灯	普通荧光灯	三基色荧光灯	高压钠灯	高压荧光汞灯	金属卤化物灯	霓虹灯	氖灯

①白炽灯显色性好,但光效率低,使用寿命短。结合灯泡的着色成彩色灯泡,被用于节日的彩灯装饰。由于光效差,常安排以点光源出现。

②卤钨灯在保持较好的显色性的基础上,提升了光源的光效,被广泛地用于大面积照明和定向照明。

③荧光灯的灯具尺寸较大,光效好,光色均匀,有较好的显色性。但灯管易受温度及湿度的影响,多有保护罩,如用于灯箱广告。

④三基色荧光灯体积小,光效高,显色性好。

⑤高压汞灯有较高的光效,但其光色较差,主要用于交通性道路、广场。

⑥金属卤化物灯由于是金属原子放电发光,而金属原子种类多,可以制成百万种光色不同的光源,显色性好,适合用于重点强调照明。其广泛用于步行商业街,文化、休憩场所与环境。

⑦低压钠灯发光效能最高,但由于只能发出单一颜色的光,显色性较低,一般用于不太注重色彩的丰富性的基础环境的场合,如出入口、广场照明。

⑧高压钠灯在高强度气体放电灯中光效最高,寿命长,光色优于低压钠灯,且高压钠灯体积小,亮度高,紫外线辐射小,应用最为广泛,例如生活性道路、广场等。

⑨场致发光:有些荧光粉在足够强的交流电场下能被激发发光。现在景观照明中主要包括发光二极管 LED。由于它耗电少,易于控制,光色均匀,结合电脑控制技术以及结合不同的工艺造型,适于局部照明和线状照明装饰。

⑩辉光放电灯包括霓虹灯和氙灯,这类光源通常需要很高的电压。霓虹灯又称为氖灯,涂敷不同的荧光粉可以产生不同颜色的光。霓虹灯的启动电压和工作电压非常高,所以需要配备高压变压器工作。氙灯属于最常用的惰性气体放电光源,氙灯与金属钠灯相比,启动时间短,光的显色性好,与日光相近,但光效较差。霓虹灯光色鲜艳,常用于线形轮廓。结合三基色荧光粉可以配置成缤纷的色彩。结合频闪可以组织动态的装饰效果。

⑪LED(Lighting Emitting Diode)灯:通过单个 LED 发光二极管的不同组合,可以制作包括点、线光源,以及电脑控制的多种高效低耗的变色装饰灯具,已具有广泛的应用。

⑫柔光管。柔光管是克服荧光灯管外壳怕水的缺点后在室外的应用发展。有所区别的是外壳选用防爆玻璃材料 PC,按内部的电光源不同可以划分为冷阴极管柔光管、阴极管柔光管和 LED 柔光管。冷阴极管柔光管和 LED 光色鲜艳,寿命长,适合频繁地开关,应用在动态的灯光组合中。阴极管柔光管价格相对较低,光效高,但由于属于启辉器预热电路,主要应用于静态的连续轮廓中。

(2)眩光

由于视野中亮度分布或亮度范围的不适宜,或存在极端的对比,以致引起不舒适感觉或降低观察细部及目标能力的视觉现象,称为眩光。

产生眩光的原因主要是由光源的不合理定位所造成,投射灯具发出的光线出现在人们的普通视域之内,人们无意间回眸或侧视中遇到强烈的灯光而引起眩光。在许多场所中,最易引发眩光的灯具主要是各种泛光投射灯具,这一类的灯具具有镜面抛光的反光罩,采用高、强气体放电光源,光效高,照射面大,一般搁置在低矮处,自下而上发光投射到被照物体的表面完成照明。夜景观设计中,合理地设计投光灯具的投射角度与安放位置,是避免产生眩光的重要举措。

在居住小区中亮度不需要很高,应避免使用大功率的光源,可通过增加光源的数量、降低功率,同样保证场所具有足够的照度,以减少眩光的产生。

(3)光的表现

夜景观环境下,光作为一种材料,在照亮其他物体的同时,自身也是景观表达的一部分。按表现可以划分为点、线、束(体)三类。

①点光:泛指没有特定指定方向的,配光曲线为全球体的灯具光源。

②线光:通过光强统一的连续点串联形成的线,善于表达轮廓和界线。

③束(体)光:气体放电灯具的光束,通过灯具的配光可以将光束调节为矩形锥体光束和圆锥光束,按配光可以划分为宽束光、中束光和窄束光。

（4）材料的光学性质对照明的影响

光照射到材料物体上，会发生反射、吸收和透射现象。依据不同材料的表面构造，材料可以划分为定向反射材料、扩散反射材料、定向透射材料和扩散透射材料。

①定向反射材料：光线照射到玻璃、抛光金属等材料的表面会产生定向的反射。从与入射角相对称的反射角度，可以清楚地看见光源的影像。这种材料在光源直接照射时容易在某些角度区域产生高光或眩光。但可以通过对被照射的物体的二次反射产生影像的效果。

②扩散反射材料：光线照射到多数的建筑材料，如砖、毛面石材、混凝土、毛面的人工劈离砖等表面时，光线向四面八方反射和扩散。材料着光相对均匀，没有光源的影像。

③定向透射材料：光线照射到玻璃或水面后，在入射角的某个角度区域产生定向的透射。在光源的对面可以看见光源的影像，光源的强度和亮度有所降低。这种材料的特性现在多被用于内透光表现。如玻璃幕墙和水下彩灯等。

④扩散透射材料：光线照射到乳白玻璃、彩色有机玻璃、花玻璃、磨砂玻璃、张拉膜布等材料时，光线通过各个方向透过材料，看不见或不能完全看见光源的影像。这种材料表现上也以内透光为主。

（5）基础照明和重点气氛照明

①基础照明：基础照明首先要满足使用者的安全需求，功能性大于装饰性，并且具有空间连续性与引导性，根据使用功能的差异，又分为路灯、庭院灯、扶手灯、草坪灯、地灯等。

②重点气氛照明：重点气氛照明多在基础照明的前提下，通过灯具的光色、亮度和动态对比，强化诸如入口、主要景点等夜景观环境。

③夜景照明伴随着灯具与光源的发展，经历了从白炽灯、霓虹灯、高强度气体放电灯，到由电脑控制的综合照明系统四个阶段。现代的照明设计通过电脑控制的灯光，使照明技术为艺术效果的表达提供了成熟的技术支持。

3）灯具

（1）灯具和灯具组

灯具是光源、反光灯罩、滤镜、格栅以及附件的总称，是透光、分配和改进光分布的器具。灯具的反射板在光源相同的情况下，具有通过调节光的反射率和反射角度，增加照明的效率和控制光的投射角度和方向，大幅度提高照明效率的功能。而设在灯具前面的格栅可以将光线进行导向遮挡，避免不必要的光损和眩光。

灯具组是指通过灯具的组合以及灯具的集合控制，以整体的形式构成的灯具组合。由于可以进行组合变化，组织和传达不同信息，在夜景观环境中显得越发重要。

（2）灯具的配光特征

厂家在提供的灯具说明书中会提供如下数据，图示化地描述灯具的光学特性。

①配光曲线：描述光强在空间中的分布特征的曲线，所以也称作光强分布曲线。

②亮度分布与遮光角：灯具表面亮度分布及遮光角直接影响到眩光的产生。

③灯具效率：指相同条件下，灯具发出的总光通量与灯具内所有光源发出的总光通量之比。

（3）景观照明灯具

景观照明灯具指的是通过灯具的配光组织，将室外其他物体照亮达到景观效果的灯具（表4.18）。

表 4.18　夜景观灯具分类

景观照明灯具	景观装饰灯具	商业广告灯具	交通指示灯具
广场灯	美耐灯、满天星	内光式广告灯箱	—
道路照明灯具	光纤、霓虹灯	外光式广告灯箱	交通信号灯具
泛光灯、聚光灯	LED 景观灯具	霓虹灯广告组	指示诱导灯具
庭院灯、草坪灯	景观灯光雕塑	电子广告屏	反光式交通标牌
地埋灯、水下照明灯	电脑组合灯具	其他组合灯具	—
特种灯具	激光图案投射灯;焰火礼花;烛光、火光	—	—

①广场灯:常常是一种大功率的投射灯具组,采用高强度的气体放电光源,光效高,照射面大。按广场灯的不同位置可以通过配光划分为对称式和非对称式广场灯具。

②路灯:路灯的功能主要是满足街道的照明需要,但对于反映地域特色的街道,还需考虑造型要求,因而路灯也分为两类:一类是功能性道路灯具;另一类是装饰性道路灯具。

功能性道路灯具需要有良好的配光,光源多选用钠灯和汞灯等光效高的电光源,发出的光均匀地投射在道路上。装饰性道路灯造型美观,可以结合不同的氛围和风格选用,主要安装在重要的建筑或广场边、步行街等处,通常光效不高。

③泛光灯(Floodlight):多选用高压气体放电光源,通过灯具的配光,产生中配光和宽配光光束。对包括建筑立面、树木等景点进行基础性照明的灯具,光束分为矩形锥体和圆锥形两种。通常要注意光线的有效投射和遮蔽,避免光污染。

④聚光灯(Spotlight):功率较泛光灯小,多为窄配光光束,且光的平面衰减较少。光的方向感强,能对小品或重要景点进行重点照明。同样要注意光污染。

⑤庭院灯(Courtyard Luminaire):多安装在公园、居住小区小花园的小路边,高 2～4 m,光线较柔和,具备 CIE 的直接、半直接、半间接、间接四类灯具形式。

⑥草坪灯(Lawn light):高度在 1 m 以内,安装在草坪、灌木丛等低矮处,光线多为宽配光,避免人的视线眩目,具有指示和美化的双重功能。

⑦地埋灯(In-ground Luminaire):比草坪灯更矮,有的直接安置在地平面中。它有三种:一种是起引导视线和提醒注意的作用的指示地灯,应用在步行街、人行道、大型建筑物入口和地面有高差变化之处;一种是微突出于地面,通过光栅的遮挡,可以装饰照明广场或草坪;还有一种是投射地灯,通过配光后可以投射地面上的小品。

⑧水下照明灯(Underwater light):通常安装在水下,具有防水的密闭性,多选用光谱效果好的卤钨灯。这类灯的功率较高,配合彩色滤镜,投射喷泉或叠瀑,经过水的折射形成五彩缤纷的光色水柱效果。

(4)景观装饰灯具

景观装饰灯具指的是:灯具光源的光衰减较明显,近似于自发光灯具。观赏的是灯具本身及灯具的变幻,不考虑或很少考虑其对其他物体的投射照明。

①美耐灯:又称塑料霓虹灯管,可塑性强,多用于轮廓照明,但由于白天的观感较差,多用于台阶下等隐蔽场所提供轮廓线光源。

②满天星:由许多小型的白炽灯组成,缠绕在树的枝干上,节日里可以烘托出火树银花的效

果。但由于白天的观瞻较差,多用于节庆场合。

③光纤灯:由液体高分子化合物聚合组成,分为实心侧光光纤和点光光纤。光纤导光性强,低能耗,不发热,可弯曲,寿命长,免维护,导光不导电,尤其可在水体中创造多姿多彩的景观效果。

④激光图案投射灯:应用于建筑、广场、大型文艺演出,以强烈的视觉冲击力作为表演灯光。其结合音乐水幕、焰火与烟雾,产生以光为主体的动感效果。

⑤景观灯光雕塑:以灯具为主体,或结合其他功用的设施、环境小品,以光或各种控制系统,在夜晚黑色的背景下展现各种主题。

⑥烛光、火光、焰火、礼花:属于光源系列,划分在装饰灯具里,强调节日环境下,自身的景观效果。

(5)照明控制

适当的照明控制方式是表现夜景观环境照明的有效手段,也是节能的有效措施。现代照明控制技术,包括传感器(信号输入)、控制管理器(信号处理)、远程遥控技术(信号输出)、灯具光电控制器四部分。

①传感器:选用感光元件的光感器和人员移动传感器等对环境进行监测,按不同环境需要通过改变光源数量及光通量输出,降低能耗和营造人性化环境。

②控制器:采用单元微机技术,选用可编程的存储器,存储执行逻辑运算,顺序控制。各个单独灯具光源的控制作用被组合在一起,要改变控制功能只需改变程序即可。

③无线通信遥控技术和计算机控制管理:通过预先设计的不同夜景观场景,以远程无线电将指令传送到照明开关控制器,减少人员操作和线路能耗。

4.5.3 不同功能区照明设计的要点

1)建筑照明

通过照明的亮度变化、光影变化来展示建筑物的特点,真实或戏剧性地表现建筑中蕴涵的生活场景是夜景观内在和外在展示的重要内容;因此规划设计时必须对建筑物的使用功能、建筑风格、结构特点、表面装饰材料、建筑物周围的环境等情况进行综合考虑,提倡在建筑设计中直接融合夜景的表达(图 4.91)。

图 4.91　照明与环境氛围营造

建筑照明按灯具投射方式可以分为：泛光照明、集中照明、装饰照明、轮廓照明、内透光照明、激光投射图案照明。结合建筑面层材料的特征，选取具有代表性的特征建筑表述不同的照明方式。

（1）泛光照明

如欧式古典建筑，建筑以体积感、雕塑感强为特征，面层材料以毛面石材等扩散反射材料为主。照明灯具多以高压气体放电灯具。毛面石材的扩散反射材料特性使得建筑在气体放电灯具投射的光柱照射下，能够产生以下效果：

①通过照射在建筑物立面上的灯光的明暗变化产生立体感；

②通过照射在建筑物立面上的灯光的位置不同产生层次效果；

③照射建筑物的主要细部，使人们看清细部材料的颜色、质感和纹理。

建筑物泛光照明应遵循以下原则：

①轮廓完整性。要表现建筑物的整体形式，必须将其轮廓也呈现出来，强调出边和角，并揭示出拐角两侧的侧面，使两侧面在亮度上有一定的差异，产生透视感。如果建筑带有坡形屋顶或缩进去的屋顶，则应表现出屋顶的边线，同时在亮度上也应有所变化，保持建筑的完整和立体感。

②装饰趣味性。建筑物表面上的阴影是富有魅力的部分，应充分利用表面的装饰和结构创造出合适的阴影，对于建筑立面存在线条结构的情况，可以利用阴影表现出这些线条（图4.92）。要想突出表现建筑的趣味中心，可以采取局部加光或减弱周围区域的亮度的手法。

图4.92　利用灯光突出建筑物的立面造型

③适宜性。如果建筑物表面设置了大面积的玻璃窗，应注意反射眩光；如果建筑物立面有丰富的凹凸部分，且尺度可观，应避免过分的阴影；如果建筑物体量很大，且表面较平淡，应避免整个表面产生单调的均匀感。泛光照明的效果在很大程度上由投光器来控制，还与投光器的布置场所、投光器与建筑物的距离、受照面的表面状态、建筑物的形态、行人的观看方向等因素有关（图4.93）。

（2）轮廓照明

轮廓照明是以黑暗的夜空为背景，利用建（构）筑物轮廓周边布置的串灯来勾画建筑物轮廓的一种照明方式。选用灯具为白炽灯串、霓虹灯、LED灯、美耐灯、光纤和光导管等。

图4.93　大面积墙面照明

　　我国古建筑的特点在于上部造型变化丰富的大屋顶,依据建筑的材料特性和建筑特征,在夜景表现上,以轮廓照明为主,结合局部泛光装饰照明,可以勾画出美丽、丰富、跳跃的线条,充分表达建筑屋顶起翘的轻盈特点,获得很好的艺术效果。

　　(3)内透光照明

　　内透光照明是利用室内靠近窗口的照明灯放射出的光线,透过窗口在夜晚形成排列整齐的亮点的一种照明方式。有大片玻璃窗或玻璃幕墙的现代建筑,采用这种内透光照明方式比室外泛光照明效果更加生动,同时也比较经济,便于维修。

2)水体照明

　　景观环境中的水景,喷、瀑、叠、跌,或静或动,平淡的空间借助水的变化产生无穷的魅力。夜间的水景照明突显水在景观中的诗意和灵气的部分。夜间水景的表现方式见表4.19。

表4.19　夜间水景表现方式

水的状态	投射方式	灯具位置	灯　具	景观效果
动态喷泉、叠瀑	直接投射	水下、暗藏	水下卤素灯	晶莹剔透,活泼跳跃
静态池塘、水面	间接反射	陆地投射景物	金卤灯	岸边景物倒映入水中
细小水流	线形轮廓	水中,轮廓水岸	光纤	晶莹流畅
激光水幕表演	激光投射	—	激光	场景恢宏,动感强烈

　　①动态的喷泉、叠瀑:表现方式多为直接投射,流动的水富有气泡,在灯光的直接投射下晶莹剔透,在不同色彩的灯光照射下,白色和暖色的灯光可以表现水明丽欢快的特质;增加蓝色的滤光镜可以使水看起来更加清爽;红色使水变得沸腾热烈。为避免产生不必要的眩光,灯具位置尤为重要。

　　②静态的池塘水面:如果简单地投射水面,往往适得其反。最好的表现手法是将水边的景物通过投射照亮,观景者欣赏水边的景物和水里婆娑的倒影。实与虚、静与动的对比更增加了夜景的效果(图4.94)。

③水中放置低照度的灯具。如高光效、高显色性的实心侧光光纤，在水体中尤其善于表现曲线的岸线景观效果（图4.95）。由竖向光纤结合细长的水流可以组合成丰富的景观小品。

图4.94　静态水体照明

图4.95　水下灯光效果

④由激光投射灯具和水幕组成的激光水幕系统，结合音乐可以展现奇妙的影像效果，具有极强的观演效果（图4.96）。

3）道路夜景观规划设计

道路以线的形式出现，是区域功能结构的重要组成部分，也是居民公共生活的主要空间。道路网络体系可以划分为两类：一个是车行道为主的交通体系，包括车行道和非机动车道组成的网络；另一个是以步行为主的道路体系，包括人行道、广场、组团道路及院落组成的空间网络（图4.97）。

图4.96　激光投射的动物造型

图4.97　道路照明

（1）设计原则

①保证各种场地功能和活动所需的照度水平，满足视觉要求（图4.98）；

②保证场地标志、交通标志的诱导性不受干扰；

③避免光污染；

④选择经济适用的电光源，并合理选择灯的安装位置，与白天的景观统一；

⑤灯饰造型统一，强化识别性，平常与节日相结合；

⑥分级规划沿街广告照明。

图 4.98　道路照明应有足够的照度水平

（2）路灯平面布置方式

夜景观的道路灯具平面布置上宜强化景观轴的作用。灯具以相对布灯视觉引导感最强，中线和单侧布灯次之，交错布灯的引导感最弱（图 4.99）。

图 4.99　路灯具有导向作用

（3）道路节点景观

在形成道路景观轴的线型环境中，存在着诸如道路交叉点、出入口等位置。通过利用对其重点加强灯光的表现，即视觉上的兴奋点的设置，可以增加标志性（图 4.100）。道路上及其两侧的视觉兴奋点的出现频率应主要参考视点运动的速度及角度来确定。兴奋点的间隔应针对行车的速度。不同的速度对应不同的景观尺度。

图 4.100　独特的灯具具有良好的标志特点

4)公共设施小品照明

居住小区内的公共设施小品,是构成公共空间景观的基本元素,也是整个景观系统包括步行交通、种植绿化、景观照明、无障碍环境、环境信息识别等系统内容的具体体现(图4.101)。

图 4.101　步行体系的小品照明

（1）照明设计原则

①设施综合统一,强化识别性:在保持各类系统系列特性的基础上强调设施小品的整体统一性。在造型、材料、色彩组合上采用类似和接近的题材设计,既可以丰富街道景观,同一性又能强化场所主题和识别性,形成独特的景观特点。

②满足夜视要求,使用安全:要满足人们对各种公共设施夜间使用的明视要求,同时确保灯具的安全防护和使用安全。

③设施照明与广告综合设置:部分设施在满足自身功能的前提下,与广告结合,设立结合广告的设施综合体,利于设施的维护和发挥经济效益。

④避免眩光:避免造成对居民的不舒适眩光照明,控制灯具光源的照度并合理选择安装位置。

⑤平时与节日场景统一安排:通过对公共环境中不同的场景要求,包括节日与平时,晚间的不同时段,选择反映不同功能特点的场景灯具,综合设置灯光控制系统(图4.102)。

图 4.102　不同题材的景观小品照明

（2）照明方式要求

①低照度：公共环境的景观照明灯光繁杂，环境的漫反射灯光能够提供基本的照度要求，灯具照度要求相对较低。

②低色温：公共设施的安置区域多集中在中心区的休憩区域，休憩的顾客对光线的倾向多以高显色性的暖色为基调。

③低设置：休憩区域内人的视线要求较低。在对公共设施提供照明时，可以结合设施选用内透光、暗藏式投射灯具、自发光灯具等，投射方式选用间接照明和向下投射的方式，以避免眩光（图4.103）。

图4.103　不同的照明方式营造出舒适的夜间环境

5）广场空间夜景照明设计

（1）广场照明的特点

广场是居民社会活动的中心，一般都布置有标志性建筑物和小品设施，是小区文化和艺术面貌的集中表现。广场功能因其性质不同而异，可以用于组织集会、集散交通，组织居民游览、休憩和交流等活动，因此在夜景观规划设计中，应遵循以下原则。

①广场夜景观气氛。广场夜景观气氛一般是指广场夜晚的环境主题特征与氛围。通过各种灯光技法强化广场夜间环境主题，以形成主题突出的夜环境。

②空间序列。任何一种城市空间都是由若干空间单元组合而成的。由于广场空间的多功能性和多元性，必须以一定的空间序列来展开，根据模式、尺度、个性功能方面与形式，形成相匹配的广场夜景景观效果（图4.104）。

③整体效应。整体效应也是景观设计所遵循的一个重要原则。广场应尽可能地满足人们夜生活的各种需求，因此广场夜空间应具有多样性、灵活性。但如果没有一条主线把它们联系起来，则会由于过于分散而使广场夜景观规划设计失败。规划过程中，首先明确广场的属性、特征，分析出广场重点和组成要素之间的主从关系，营造广场气氛、特色及主配景整体效果，为照明设计提供明确的理念原则和依据（图4.105）。

（2）行为活动和行为照明

广场中人的行为活动可以划分为必要性活动、选择性活动和社交性活动三类，三种行为特征往往同时发生，需要针对不同的行为特点和要求，设置匹配或强化的照明，提高夜景观环境的品位和质量。在行为照明中，要考虑以下行为特征：

图 4.104　利用照明方式的变化　　　　图 4.105　广场照明满足不同活动的要求
以区别广场空间序列

①安全性:对于残疾弱势人群的无障碍设计的照明,务必力求规范与行为接轨,在广场中的照度水平与密度,应满足明确显示道路潜在的危险(障碍物)和避免照明盲点的要求。

②视觉定向:广场的照明应能够满足人们一进入广场就能粗略地感知整个广场空间方位。因此,对广场周边以及广场中央标志物的垂直面进行适度的照明是很必要的,协助不熟悉环境的人尽快确定方向,识别所处位置。

③个人特征识别:居民在广场上的活动,无论白天与晚上,个人独处或公共交往的社会行为,都具有私密性和公共性的双重品格,具有场所的安全感和公共活动的特征。夜间广场的照明应能满足在近距离接触之前能相互识别,并提供足够的视觉信息来判断一定距离内人的肢体轮廓。CIE 的研究表明,夜间最大识别距离是在观察者前方 4 m。最小照度接近 3 lx。

(3)广场灯具选择

广场中的灯具选择要结合广场的性质、气氛和特征,在总体上要趋于统一,强化标志性。

①围合空间的灯具组。广场边界或相对独立的空间可以用绿化带加以隔离,既保证空间的场所感加强,还能保证视线的通透。在绿化带的外侧设置灯具,多选用低柱庭院灯和草坪灯组成带状灯具组,通过线状照明加强对空间的限定。光源选用汞灯或金卤灯。

②广场庭院灯。为满足广场铺地与道路的安全照明要求,需要选择水平照度结合垂直照度的配光灯具,光源按具体的场合选用。庭院灯尤其要注意灯具的造型与光效的结合以及太阳光能的收集利用。

③指示、导向灯具。出于对视觉定向的需要,广场中采用的指示灯具按安装位置分为地埋灯、嵌墙灯、反射式指示牌等。地埋灯可以融入图案化广场铺地,同时形成广场视觉上的指示向导。嵌墙灯包括暗藏在台阶上和边缘界定的指示灯,能及时提示台阶的高度变化,提高场所的安全性。

光源上建议选用低能耗、寿命长的 LED 灯源。同时由于光强不高,可以有效避免眩光。

④灯具的尺度。广场空间设置不同高度的灯具可以产生不同层次的照明效果。灯具的尺寸对应于人的尺度。广场庭院灯的高度在 3 ~ 5 m,草坪灯选用宽配光的灯具,高度在 1 m

以下。

⑤光源的色温和显色性。休闲性广场适合选用低色温的主调。低色温的光源,接近黄昏的色调,给人以亲切、温馨的感觉。高色温的光源给人以冷的感觉,使人感觉振奋,适合交通性广场的主调。在中间色温的主调下,通过不同空间区域的色温变化可以划分和界定不同的空间场所感。

在夜间的暗视觉条件下,人的视觉对色彩的辨别感较低。对广场中人流密集的地区可提高照度和显色指数,对植物照明要针对不同的树种色彩确定不同的灯具投射,花草需要显色性高的光源,显色指数 Ra>60 ~ 80。

选用的光源包括金卤灯、三基色荧光灯、白炽灯和高显色钠灯等。

⑥场景与动态。丰富的场景灯光和动态的灯光可以极大地丰富节日期间的热烈气氛。通过灯具的控制装置组合设置不同的灯光场景,可以适应广场的不同性质活动以及节庆的需求。

动态的灯光设置上多为临时性安装,表现活泼趣味。注意照明灯具射向天空的逸散光对周围居住环境造成的光干扰,通过对环境整体的规划设计来控制光污染的发生。

6)园林绿地灯光环境与夜景观细化设计

(1)园林绿地照明灯具的选择

园林绿地照明灯具,要求夜晚能够满足功能性照明及艺术性照明。光源的选择要遵循高效、节能的原则,同时选择适宜的光色来更好地体现设计意图,烘托环境气氛(表4.20)。

表4.20　光源与灯具选择

灯具种类	常用光源	适用场合	说　明
庭院灯 (杆式照明器)	白炽灯、荧光灯、金属卤化物灯	可布置于园路、广场、水边以及庭院一隅,适于照射路面、铺装场地、草坪等	高度4.0 ~ 5.0 m 光照方向主要有下照型和防止眩光的漫射型
草坪灯	汞灯、白炽灯、金属卤化物灯	主要用于照射草坪	高度≤1.2 m
泛光灯 (投光灯)	金属卤化物灯、高低压钠灯	主要用来照射园林建筑、景观构筑物、园林小品、雕塑、树木、草地等	按光束的宽度可分为窄光束、中度宽光束和宽光束
埋地灯	汞灯、高低压钠灯、金属卤化物灯	用于硬质铺装场地中构筑物、园林小品照明,以及草地中置石、树丛照明	部分灯型可用作埋地射灯
彩色串灯	微型灯泡	可用于树冠、花带、花廊等轮廓装饰	彩色串灯又称防水树灯,是一种新型高档的节日彩灯,采用经过环氧树脂绝缘处理的微型灯泡(4 mml,6 V,100 mA)串并联而成,形成一条条色彩丰富的路灯带

续表

灯具种类	常用光源	适用场合	说　明
光带	紧凑型节能灯、霓虹灯管、美耐灯、导光管	适合于园林建筑、墙垣的轮廓照明及道路台阶、水池等的引导性照明	美耐灯又称为塑料霓虹灯（或彩虹管），是将若干由钨丝发光的微型灯泡串藏于软性PVC材料管中，通电可发光的一种柔性灯带
造型灯（景观灯）	光纤、美耐灯、发光二极管（LED）	可做成各种造型，如：礼花灯、椰树灯、红灯笼等，用于绿地夜景装饰	主要用于饰景照明

（2）园林绿地环境照明方式

灯光在绿地中的主要作用不仅仅是在夜间提供合适的照度，更重要的是运用各种照明方式表现各造园要素，即树、花、草、水景，以及各式园林小品的魅力，创造出以植物为主体的绚丽多彩的光环境。园林绿地灯光环境，根据所选用照明灯具及投射方式的不同，可分为泛光照明、轮廓照明、内透光照射和饰景照明。

①泛光照明：运用泛（投）光灯、庭院灯、草坪灯等照射被照物，体现被照物的形态、体量、造型、质感等特征。常用于照射园林建筑、雕塑小品、树木、草地等。

②轮廓照明：运用紧凑型节能灯、霓虹灯管、美耐灯、发光光纤管、导光管等发光器具，勾勒被照物的形体和轮廓，体现构筑物的造型美或园路、墙垣的方向感。这种照明方式，一般结合泛光照明应用，常用于园林建筑、大型景观构筑物、绿地墙垣、园路等照明。

③内透光照明：把灯具放置在灯光载体（被照物）的内部，使光线由内向外照射。这种方式加强了被照物的空间感和体量感，常用于园林构筑物、树木、喷泉等照明。

④饰景照明：运用彩色串灯、霓虹灯、LED（发光二极管）灯等照明器具，营造灯光雕塑、灯饰造型、灯光小品等。此种方式有利于烘托环境气氛（图4.106）。

（3）不同植物种植方式的照明设计

在夜景元素中植物是唯一有生命的景观，它的颜色和外观随着季节而变化，成为环境景观的一大特色，也是环境生命活力的一种体现。

①单棵植物的照明方式。单棵植物的照明方式通常有以下六种（以不同的观景位置，可获得不同的夜间效果）：

a. 特定方向上照：可以只让人们看到某一方向的树形。

b. 背光式上照：灯光从树后投射，树木的灯光与阴影结合有剪影效果。

c. 下照式：将灯具固定在树冠或树枝中，透过树叶往下照，地面上会出现枝叶交错的阴影，仿佛月下树影，达到月光效果。这种效果适合枝叶茂盛的常绿树种，在步行街、居住小区、公园等较雅静的场所使用。

d. 全方位上照：将两个以上的灯具置于树下，照亮整个树体。立体感较强，是强调植物整体的照明方式。

e. 剪影效果：选择植物枝干明晰的植物，将后面的墙面照亮，枝叶成为黑色的影子。

f. 轮廓式：如用满天星缠绕在树的枝干上，塑造火树银花的节日效果。或将LED灯带缠绕勾勒出乔木的枝干轮廓。

图4.106 利用光照烘托环境氛围　　　图4.107 规则树群形成的视廊

②树群照明。

a.规则树群:树群呈规则的行列式布置,如行道树。灯具多以规则的方式布置,形成夜间的景观视觉通廊(图4.107)。

b.不规则树群:在自然形态的公园或其他场所,树群多以不规则的方式组合,高低错落,表现上多以分散布灯,相对集中成组的方式强调树群的群植效果。

c.庭阴树群:在有人群进入的种植庭阴广场,灯具布置将模仿月照式和上照式相结合。同时注意灯具的眩光控制。

③草坪和灌木。对于在夜间环境中的花坛及低矮植物,由于人们观看的视线是自上向下,所以它们一般采用蘑菇式灯具向下照射,灯具置于花坛中央或侧边,高度视花草而定,也有结合园作扇形照明。

在夜景中植物通常属于点衬托物,其实运用不同照明方式的组合,它本身也能成为夜间景观。

4.6 居住小区植物配置设计

4.6.1 居住小区绿化的功能及作用

居住小区绿地是在居住小区用地上栽植花草树木,改善区域小气候,并创造自然优美的绿化环境。它是居住小区绿地的重要组成部分,是改善居住小区生态环境的重要环节。同时,也是居民使用频率最高的户外活动空间,是衡量小区环境质量的重要评价内容。

1)实用功能

①利用植物创造居民要求的各种空间。居住小区的室外空间是居民活动最频繁的场所,居

民对空间的要求既□……半私密性的个人、家庭和小集体活动空间,又要有社会性的交往空间。植物是一种□……分隔材料,可以通过种植草坪、地被来营造开敞空间;通过绿篱、树篱、树墙、垂直绿化、花篱等营造围合空间或半开敞空间;通过乔木的枝叶、棚架营造郁闭空间。应用植物以及植物与建筑的围合,可以创造出变化多样的空间环境,满足居民的需要(图4.108)。

图 4.108 居住小区绿地为居民营造良好的休憩空间 图 4.109 通过边坡处理实现绿化美化

②利用植物软化硬质空间。植物可以使建筑、道路和铺装的硬质空间得以软化,向绿色空间过渡。

③利用植物对不雅之物进行遮蔽。居住小区建筑、服务设施和各种管线施工后,会留下井盖、挡土墙、采光井等,可利用植物对其进行遮蔽修饰。

④空间序列的组织。小区中的建筑和绿地在布局、大小、形状、景观及内涵上既统一又有变化,通过合理组织,形成一个完整的景观和游览空间序列。

⑤利用绿地的防火、防污染等作用。1923年日本关东大地震时引起大火灾,公园绿地成为居民的避难所。从此,防灾避难就成为园林绿地的一项重要功能。

2)生态功能(改善环境)

居住小区绿地是以种植植物为主,植物通过枝叶对外部有害因子的吸滞、反射、折射、阻隔等一系列的物理作用以及植物特有的生理生化作用(光合作用等),对居住环境起到改善与保护作用。主要表现在以下几方面:

①植物通过遮阳、降温、增湿和导风等途径,从而起到调节气温、改善小气候、促进空气交换形成微风等作用。当小区的绿地覆盖率达30%以上时,可为居民提供一个清爽宜人的生活环境。

②植物能够吸滞灰尘、吸收有害气体和进行光合作用产生氧气,从而净化空气,提高环境质量。当绿地覆盖率达到30%时,空气中的二氧化碳可下降90%,总悬浮颗粒下降60%,负离子增加,可为居民创造干净卫生的环境。

③居住区绿地是构建低影响开发雨水系统、建设海绵城市的重要场地。在满足绿地生态、景观、游憩和其他基本功能的前提下,合理地预留或创造空间条件,对绿地自身及周边硬化区域的径流进行渗透、调蓄、净化。

④绿地能防风、防火、隔声,保护生态环境(图4.109)。

3)美学功能

在居住小区绿地中运用植物的形状、色彩、风韵和拟人特征,因地制宜地配置,创造出优美的植物景观,再点缀适当的山石、水体、建筑小品、铺地等,通过完善、统一、强调、标志、软化、聚焦和联想等手段,美化小区建筑和环境(图4.110)。

图4.110 道路转角的绿化,具有明显的标志和美化作用

①统一作用:通过植物色彩、线条、风格和其他观赏特征,将环境中所有不同的部分在视觉上连接在一起。或者把植物作为一种恒定因素,可以把其他杂乱的景色统一起来。

②强调作用:借助植物截然不同的大小、形态、色彩或邻近环绕物不相同的质地来强调或突出某些特殊的景物。所选用植物的特性应格外引人注目。或者利用植物形成众多的遮挡物,从而达到将观赏者的注意力集中到景物的目的。

③标志作用:植物能使空间更显而易见,更易被识别和辨别。植物特殊的大小、形状、色彩、质地或排列都能发挥识别作用。

④软化作用:在户外空间中利用植物软化形态粗糙及僵硬的构筑物,种植树木使那些呆板、生硬的建筑物和硬化的城市环境显得柔和并富有人情味。

⑤联想作用:将园林情景交融的意境美应用于居住环境的绿化,借景传情,创造具有诗情画意之境。

4)经济作用

在住房商品化发展的今天,住宅区的绿化环境是直接影响房地产价格的主要因素。同时,随着物质和文化水平的提高,居民购房时对居住小区环境的要求也越来越高,绿化成为影响居民购房的主要因素之一。

4.6.2　居住小区绿地的分类与构成

居住小区内的绿地按其功能、性质和规模,可划分为小区游园、宅旁绿地、道路绿地和配套公建附属绿地(图4.111)。

1)小区游园

小区游园是指供居民共享的中心绿地,要求位置适中,能兼顾各个组团居民的使用,靠近并连接小区的主干道。

由于小区游园在设置时往往位置适中,靠近小区主要道路,适宜各年龄组的居民前去使用,集中反映了小区绿地质量水平,景观效果明显。所以,有很多小区又以集中绿地、中心绿地、中心花园等形式出现。

2)宅旁绿地

宅旁绿地也称宅间绿地,是最基本的绿地类型,多指在行列式建筑前后两排住宅之间的绿地,其大小和宽度取决于楼间距,一般包括宅前、宅后以及建筑物本身的绿化,只供四周居民使用。它是居住小区内总面积最大、居民最经常使用的一种绿地,尤其是对学龄前儿童和老人。有时将宅旁绿地集中使用,可形成组团中心绿地,这是一种更受居民欢迎的形式(图4.112)。

图4.111　小区内道路广场绿地　　图4.112　宅旁绿地形成的私密空间

3)道路绿地

道路绿地是小区内道路规划范围以内的绿地,具有遮阴、防护、丰富道路景观等功能,根据道路的分级、地形、交通情况等进行布置(图4.113)。

图4.113　居住小区的道路绿化

图4.114　小区会所的室内景观

4)配套公建附属绿地

小区内各类配套公共建筑和公共设施四周的绿地称为配套公建附属绿地,如俱乐部、会所、商店等周围的绿地,还有其他块状观赏绿地等。其绿化布置要满足公共建筑和公共设施的功能要求,并考虑与周围环境的关系(图4.114)。

4.6.3　居住小区绿地规划设计的原则

1)整体性

居住小区绿地规划应在居住小区总体规划阶段统一规划,同时进行,使绿地指标、功能在总体规划中得到统筹考虑。小区绿地规划的整体性主要有两个方面:一是小区的绿化与城市的绿化体系相结合,使小区内的绿化与城镇绿化相协调;二是小区内的绿化要从居住小区规划的总体要求出发,处理好与空间环境的关系,处理好绿化的层次与组织结构的关系(图4.115)。

图4.115　台湾太子兰坊住宅区,造园要素的统一强化了景观效果

小区各组团绿地既要保持统一的风格,又要在立意构思、布局方式、植物选择等方面做到多样化,在统一中追求变化。

2)系统性

系统性是指小区内的绿地应该是一个完整的体系。它一般通过集中与分散,重点与一般,

点、线、面相结合的原则来实现(图 4.116)。

(1)集中与分散

集中——游园绿地;分散——宅旁、宅间绿化。

(2)重点与一般

重点:例如,对住宅区内的游园绿地,从形式到内容进行重点打造,形成绿化系统的亮点和居民的游憩中心。一般:例如,对住宅区内的宅旁、宅间绿化及道路绿化采取一般性、简单的处理手法,使"重点"更加突出。

(3)点、线、面相结合

对住宅区内的点——游园绿地;线——道路绿化、滨河绿化;面——宅旁宅间绿化、配套公建附属绿地配合设置,形成系统。

3)可达性

小区的游园绿地,无论是集中设置,还是分散设置,都必须选址于居民日常出行能经过并可顺利到达的地方。那些位置偏僻、到达性差的小区游园,即使有良好的设施条件,其使用效果也不会太理想(图 4.117)。

图 4.116 舒缓的曲线营造出灵动的景观风格   图 4.117 完善的路网系统是
居住小区交通组织的保证

居住小区的绿地建设应以宅旁绿地为基础,以小区游园为核心,以道路绿化为网络,使小区绿化自然成系统,并与城区绿地系统相协调。为了方便群众,增强吸引力,便于他们随时自由地使用,小区游园必须相对开敞,绿地的四周最好没有围墙,尽量设计集中绿地,为居民提供绿地面积相对集中、较开敞的游憩空间和一个相互沟通、了解的活动场所,以提高小区游园的使用率。

4)实用性

居住小区的各项绿地,特别是公共绿地,必须具有明确的使用功能,即具有可活动性,如游戏、运动、散步、健身、休闲等。因此,要充分利用原有的自然条件因地制宜,充分利用地形、原有树木、建筑,以节约用地和投资。绿化应以植物造景为主进行布局,并利用植物组织和分隔空间,改善环境小气候及环境质量(图4.118)。

充分利用垂直绿化、屋顶、天台、阳台、墙面绿化等方式,增加绿地景观效果,美化居住环境。

图4.118   通过植物造景提升居住小区环境质量

4.6.4   居住小区植物的选择原则

合理的植物配置既要考虑植物的生态效益,又要考虑绿化的艺术效果;既要考虑植物自身美,又要考虑植物之间的组合关系和植物与环境因素的协调,还要考虑场地本身的现有条件。选择合理的树种,通过科学的配植,充分发挥植物的生态特性,创造丰富的植物景观。乔灌结合、常绿与落叶、速生植物与慢生植物结合,适当地点缀和配植地被花卉。

①植物种类不宜繁多,但要避免单调,更不能雷同,要做到多样统一(图4.119)。

②在统一基调的前提下,树种力求变化,创造出多样的林冠线和林缘线,形成富有韵律感的自然景观效果(图4.120)。

图4.119   通过地形、植株规格和配植　　　图4.120   通过合理的乔灌草搭配,
　　　　方式形成统一多样的植物景观　　　　　　　　突出植物的景观层次

③除设计上要求的行列式种植方式外,尽量避免植物的等距离种植,创造丰富多样的自然

式植物景观。

④滨水区域、下沉式绿地、雨水湿地等容易浸水的区域,适宜选择乡土植物和耐水蚀植物,避免植物受到长时间浸泡而影响正常生长,影响景观效果。

充分利用植物的自然观赏特性,合理利用植物在色彩和季节变化的特点,丰富户外空间的色彩变化。

4.6.5 居住小区各类绿地的植物配置

小区植物配植应该注意以下几点:适应绿化的功能要求,适应所在地区气候、土壤条件和自然植被分布特点,选择乡土树种等抗病虫害能力强、易养护管理的植物,体现地域特点;充分利用植物的各种功能和观赏特点,合理配置,乔灌结合,常绿与落叶、速生与慢生相结合,适当点缀和配植地被花卉构成多层次的复合生态结构,以达到人工配置的植物群落自然和谐的效果(图4.121);植物品种的选择要在统一的基调上力求丰富多样,单一化的配置最

图4.121 利用地形营造优美的滨水空间

不可取;要注重种植位置的选择,以免影响室内的采光通风和其他设施的管理维护。

居住小区绿化分几种类型:绿篱设置、宅旁绿化、隔离绿化、架空空间绿化、平台绿化、屋顶绿化、停车场绿化、道路绿化。

1)绿篱设置

绿篱以行列式密植植物为主,分为整形绿篱和自然绿篱。整形绿篱常用生长缓慢、分枝点低、枝叶结构紧密的低矮类灌乔木,适合人工修剪整形(图4.122)。自然绿篱选用植物的体量要求相对高大(图4.123)。

图4.122 用绿篱植物营造的儿童迷宫

图4.123 绿篱植物能形成明显的限制和导向作用

在居住小区中心地段,亦可在小区一侧沿街布置以形成防护隔离带,美化街景,方便居民及游人休息,同时可减少道路上的噪声及尘土对住户的影响(图4.124)。当小游园贯穿小区时,居民前往的路程大为缩短,如绿色长廊一样形成一条景观带,使整个小区的风貌更为丰满。

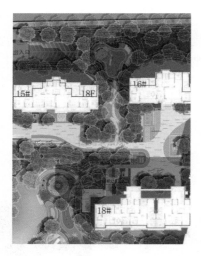

图 4.124　外向型小区游园，
既满足了居民使用，又美化了街道景观

2）宅旁绿化

宅旁绿地贴近居民，具有通达性和实用观赏性。宅旁绿地的种植应考虑建筑物的朝向。在近窗不宜种高大乔灌木，以免影响采光；而在建筑物的西面，需要种高大阔叶乔木，对夏季降温有明显效果，在冬季则可以享受温暖的阳光。宅旁绿地应设计方便居民行走及滞留的适量硬质铺地，并配植耐践踏的草坪，而且在阴影区宜种植耐阴植物（图 4.125—图 4.128）。

图 4.125　组团绿地是小区内使用频率
较高的户外空间

图 4.126　建筑物东面的组团绿地
尽量不影响室内的采光

图 4.127　植物与建筑物门窗的关系

图 4.128　利用绿篱围合成具有领域性的宅旁绿地

3）隔离绿化

居住小区道路两侧应栽种乔木、灌木和草本植物,以减少机动车行驶造成的尘土、噪声及有害气体,有利于沿街住宅室内保持安静和卫生。行道树应尽量选择枝冠水平伸展的乔木,起到遮阳降温的作用。公共建筑与住宅之间应设置隔离绿地,多用乔木和灌木构成浓密的绿色屏障,以保持居住小区的安静,居住小区内的垃圾站、锅炉房、变电站、变电箱等欠美观地区可用灌木或乔木加以遮蔽。

4）架空空间绿化

住宅底层架空广泛适用于南方亚热带气候区的住宅,利于居住院落的通风和小气候的调节,方便居住者遮阳避雨,并起到绿化景观的相互渗透作用(图4.129)。架空层内宜种植耐阴性的花草灌木,局部不通风的地段可布置山水景观。架空层作为居住者在户外活动的半公共空间,可配置适量的活动和休闲设施。

5）平台绿化

平台绿化一般要结合地形特点及使用要求设计,平台下部分空间可作为停车库、辅助设备用房、商场或活动健身场地等;平台上部空间作为安全美观的行人活动场所,要把握"人流居中、绿地靠窗"的原则,即将人流限制在平台中部,以防止对平台首层居民的干扰;绿地靠窗设置,并种植一定数量的灌木和乔木,减少户外人员对室内居民的视线干扰(图4.130)。

图4.129 贯穿式架空空间绿化

图4.130 利用天台营造的组团绿地

6）屋顶绿化

绿色屋顶也称种植屋面、屋顶绿化等。绿色屋顶可有效减少屋面径流总量和径流污染负荷,具有节能减排的作用,但对屋顶荷载、防水、坡度、空间条件等有严格要求。根据种植基质深度和景观复杂程度,绿色屋顶又分为简单式和花园式。基质深度根据植物需求及屋顶荷载确定,简单式绿色屋顶的基质深度一般不大于150 mm,花园式绿色屋顶在种植乔木时基质深度

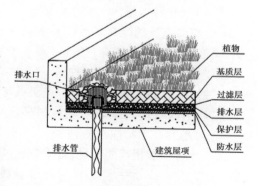

图4.131 绿色屋顶典型构造示意图

137

可超过 600 mm,绿色屋顶的设计可参考《种植屋面工程技术规程》(JGJ 155—2013)。

绿色屋顶适用于符合屋顶荷载、防水等条件的平屋顶建筑和坡度≤15°的坡屋顶建筑。屋顶绿地分为坡屋面绿化和平屋面绿化两种,应根据环境及生态条件种植耐旱、耐移栽、生命力强、抗风力强、外形较低矮的植物。坡屋面多选择贴伏状藤木或攀缘植物。平屋顶以种植观赏性较强的花木为主,并适当配置水池、花架等小品,形成周边式和庭院式绿化(图 4.131、图 4.132)。

图 4.132　以小乔木和灌木构成的屋顶绿化

7)道路景观绿化

道路绿地设计时,有的步行路与交叉口可适当放宽,并与休息活动场地结合,形成小景点(图 4.133)。主路两旁行道树不应与城市道路的树种相同,要体现居住小区的植物特色。路旁种植设计要灵活自然,与两侧的建筑物、各种设施相结合,疏密相间、高低错落、富有变化。道路绿化还应考虑增加或弥补住宅建筑的区别,有利于居民识别自己的家,因此在配置方式与植物材料选择、搭配上应有特点,采取多样化,以不同的行道树、花灌木、绿篱、地被、草坪组合不同的绿色景观,加强识别性。在树种的选择上,由于道路较窄,可选种中小型乔木。

(1)落叶乔木与常绿灌木相结合

以修剪整齐的绿篱和落叶乔木将车行道与人行道隔离开来,减少粉尘与噪声对行人的干扰,又能防止行人随意穿越街道(图 4.134)。

(2)以常绿植物为主的种植

种植常绿乔木和绿地,其中点缀观花灌木,能产生较好的艺术效果。但常绿乔木初期冠幅较小,遮阴效果差,因此可在常绿树种之间间种窄冠幅的落叶乔木以改善景观效果(图 4.135)。

(3)落叶乔木与灌木的种植

落叶树种季相特征明显,富于变化,但冬季落叶后景观效果较为单调,因此可在重点地段点缀一些大乔木或小乔木,以改善冬季景观(图 4.136)。

图 4.133　小区道路绿化　　　　　　图 4.134　宅前小路

图 4.135　乔木与灌木分行栽植　　　　图 4.136　落叶乔木与灌木相结合

（4）草地和花卉

对于地下管网较多,地下设施表层、土层较薄或不适宜栽种乔木的地带,可采用草地和花灌木种植,以形成较好的景观效果(图 4.137)。

（5）带状自然式种植

对于道路线形较为复杂的非主干道两侧,将植物高低错落、三五成丛地自由种植,能形成较好的自然植被效果,但对植物的搭配要求较高(图 4.138)。

图 4.137　呈带状种植的灌木　　　　　图 4.138　自然式种植的道路绿化

（6）块状自然式种植

对于绿化带较为宽阔的道路,可以花境的形式分块完成道路绿化带的种植,或衬以草坪为底,突出花境的艺术效果(图4.139、图4.140)。

图4.139　块状种植的地被植物与花卉

图4.140　块状道路绿化

8)低影响开发绿地(海绵城市)设计

应在满足道路交通安全等基本功能的基础上,充分利用道路自身及周边绿地空间落实低影响开发设施,结合道路横断面和排水方向,利用不同等级道路的绿化带建设下沉式绿地、植草沟、雨水湿地等低影响开发设施,通过渗透、调蓄、净化方式,实现道路低影响开发控制目标。道路径流雨水进入绿地内的低影响开发设施前,应利用沉淀池、前置塘等对进入绿地内的径流雨水进行预处理,防止径流雨水对绿地环境造成破坏。有降雪的城市还应采取措施对含融雪剂的融雪水进行弃流,弃流的融雪水宜经处理(如沉淀等)后排入市政污水管网。

（1）下沉式绿地

下沉式绿地具有狭义和广义之分:狭义的下沉式绿地指低于周边铺砌地面或道路200 mm以内的绿地(图4.141);广义的下沉式绿地泛指具有一定的调蓄容积,且可用于调蓄和净化径流雨水的绿地,包括生物滞留设施、渗透塘、湿塘、雨水湿地、调节塘等(图4.142)。

狭义的下沉式绿地应满足以下要求:

①下沉式绿地的下凹深度应根据植物耐淹性能和土壤渗透性能确定,一般为100 ~ 200 mm。

②下沉式绿地内一般应设置溢流口(如雨水口),保证暴雨时径流的溢流排放,溢流口顶部标高一般应高于绿地50 ~ 100 mm。

蓄水层100~200 mm
种植土250 mm
原土
溢流口　接雨水管渠

图4.141　狭义的下沉式绿地典型构造示意图

图 4.142　广义的下沉式绿地典型构造示意图

下沉式绿地可广泛应用于小区广场、绿地内和道路绿化。对于径流污染严重、设施底部渗透面距离季节性最高地下水位或岩石层小于 1 m 及距离建筑物基础小于 3 m（水平距离）的区域,应采取必要的措施防止次生灾害的发生。

下沉式绿地适用区域广,其建设费用和维护费用均较低,但大面积应用时,易受地形等条件的影响,实际调蓄容积较小（图 4.143）。

图 4.143　下沉式绿地

（2）生物滞留设施

生物滞留设施指在地势较低的区域,通过植物、土壤和微生物系统蓄渗、净化径流雨水的设施。生物滞留设施分为简易型生物滞留设施和复杂型生物滞留设施,按应用位置不同又称作雨水花园（图 4.144a）、生物滞留带（图 4.144b）、高位花坛（图 4.144c）、生态树池（图 4.144d）等。

(a)雨水花园   (b)生物滞留带

(c)高位花坛   (d)生态树池

图4.144　生物滞留设施

生物滞留设施应满足以下要求:

①对于污染严重的汇水区应选用植草沟、植被缓冲带或沉淀池等对径流雨水进行预处理,去除大颗粒的污染物并减缓流速;应采取弃流、排盐等措施防止融雪剂或石油类等高浓度污染物侵害植物。

②屋面径流雨水可由雨落管接入生物滞留设施,道路径流雨水可通过路缘石豁口进入,路缘石豁口尺寸和数量应根据道路纵坡等经计算确定。

③生物滞留设施应用于道路绿化带时,若道路纵坡大于1%,应设置挡水堰/台坎,以减缓流速并增加雨水渗透量;设施靠近路基部分应进行防渗处理,防止对道路路基稳定性造成影响。

④生物滞留设施内应设置溢流设施,可采用溢流竖管、盖箅溢流井或雨水口等,溢流设施顶一般应低于汇水面100 mm。

⑤生物滞留设施宜分散布置且规模不宜过大,生物滞留设施面积与汇水面面积之比一般为5%～10%。

⑥复杂型生物滞留设施结构层外侧及底部应设置透水土工布,防止周围原土侵入。如经评估认为下渗会对周围建(构)筑物造成塌陷风险,或者拟将底部出水进行集蓄回用时,可在生物滞留设施底部和周边设置防渗膜(图4.145)。

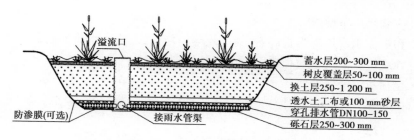

图 4.145　复杂型生物滞留设施典型构造示意图

生物滞留设施的蓄水层深度应根据植物耐淹性能和土壤渗透性能来确定,一般为 200～300 mm,并应设 100 mm 的超高;换土层介质类型及深度应满足出水水质要求,还应符合植物种植及园林绿化养护管理技术要求;为防止换土层介质流失,换土层底部一般设置透水土工布隔离层,也可采用厚度不小于 100 mm 的砂层(细砂和粗砂)代替;砾石层起到排水作用,厚度一般为 250～300 mm,可在其底部埋置管径为 100～150 mm 的穿孔排水管,砾石应洗净且粒径不小穿孔管的开孔孔径;为提高生物滞留设施的调蓄作用,在穿孔管底部可增设一定厚度的砾石调蓄层。

生物滞留设施主要适用于小区内建筑、道路及停车场的周边绿地,对于径流污染严重、设施底部渗透面距离季节性最高地下水位或岩石层小于 1 m 及距离建筑物基础小于 3 m(水平距离)的区域,可采用底部防渗的复杂型生物滞留设施。

简易型生物滞留设施形式多样、适用区域广、易与景观结合,径流控制效果好,建设费用与维护费用较低(图 4.146);但地下水位与岩石层较高、土壤渗透性能差、地形较陡的地区,应采取必要的换土、防渗、设置阶梯等措施避免次生灾害的发生,将增加建设费用。

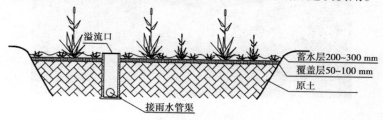

图 4.146　简易型生物滞留设施典型构造示意图

（3）雨水湿地

雨水湿地利用物理、水生植物及微生物等作用净化雨水,是一种高效的径流污染控制设施,雨水湿地分为雨水表流湿地和雨水潜流湿地,一般设计成防渗型以便维持雨水湿地植物所需要的水量,雨水湿地常与湿塘合建并设计一定的调蓄容积。

雨水湿地与湿塘的构造相似,一般由进水口、前置塘、沼泽区、出水池、溢流出水口、护坡及驳岸、维护通道等构成(图 4.147)。

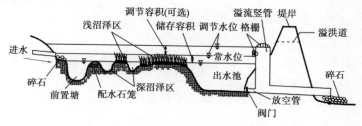

图 4.147　雨水湿地典型构造示意图

雨水湿地应满足以下要求:

①进水口和溢流出水口应设置碎石、消能坎等消能设施,防止水流冲刷和侵蚀。

②雨水湿地应设置前置塘对径流雨水进行预处理。

③沼泽区包括浅沼泽区和深沼泽区,是雨水湿地主要的净化区,其中浅沼泽区水深范围一般为 0~0.3 m,深沼泽区水深范围为一般为 0.3~0.5 m,根据水深不同种植不同类型的水生植物。

④雨水湿地的调节容积应在 24 h 内排空。

⑤出水池主要起防止沉淀物的再悬浮和降低温度的作用,水深一般为 0.8~1.2 m,出水池容积约为总容积(不含调节容积)的 10%。

雨水湿地适用于具有一定空间条件的小区、道路、绿地、滨水带等区域(图 4.148)(图片来自水工网)。

雨水湿地可有效削减污染物,并具有一定的径流总量和峰值流量控制效果,但建设及维护费用较高。

图 4.148 雨水湿地

(4)植草沟

植草沟指种有植被的地表沟渠,可收集、输送和排放径流雨水,并具有一定的雨水净化作用,可用于衔接其他各单项设施、城市雨水管渠系统和超标雨水径流排放系统。除传输型植草沟外,还包括渗透型的干式植草沟及常有水的湿式植草沟,可分别提高径流总量和径流污染控制效果。

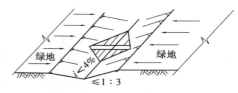

图 4.149 传输型三角形断面植草沟典型构造示意图

植草沟应满足以下要求(图 4.149):

①浅沟断面形式宜采用倒抛物线形、三角形或梯形。

②植草沟的边坡坡度不宜大于 1:3,纵坡不应大于 4%。纵坡较大时宜设置为阶梯型植草沟或在中途设置消能台坎。

③植草沟最大流速应小于 0.8 m/s,曼宁系数宜为 0.2~0.3。

④转输型植草沟内植被高度宜控制在 100~200 mm。

植草沟适用于小区内道路,广场、停车场等不透水面的周边(图4.150)(图片来自水工网),也可作为生物滞留设施、湿塘等低影响开发设施的预处理设施。植草沟也可与雨水管渠联合应用,场地竖向允许且不影响安全的情况下也可代替雨水管渠。

植草沟具有建设及维护费用低,易与景观结合的优点,但开发强度较大的区域易受场地条件制约。

图4.150 植草沟

(5)植被缓冲带

植被缓冲带为坡度较缓的植被区,经植被拦截及土壤下渗作用减缓地表径流流速,并去除径流中的部分污染物,植被缓冲带坡度一般为2%~6%,宽度不宜小于2 m(图4.151)。

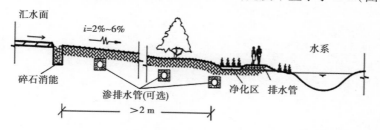

图4.151 植被缓冲带典型构造示意图

植被缓冲带适用于道路等不透水面周边,可作为生物滞留设施等低影响开发设施的预处理设施,也可作为滨水绿化带,但坡度较大(大于6%)时其雨水净化效果较差。

植被缓冲带建设与维护费用低,但对场地空间大小、坡度等条件要求较高,且径流控制效果有限。

课后复习思考

1. 居住小区主入口景观构成要素有哪些?
2. 居住小区主入口景观设计的重点是什么?
3. 小区入口铺装设计的注意事项有哪几方面?
4. 居住小区儿童游戏场地景观构成要素有哪些?

5. 居住小区儿童游戏场地景观设计的原则有哪些?

6. 居住小区运动、健身场地的类型有哪些?

7. 运动、健身场地规划设计重点包括哪几个方面?

8. 居住小区路网系统规划对小区空间格局的影响主要体现在哪几个方面?

9. 从安全要求方面论述道路景观的设计要求。

10. 论述景观照明中各类光源的照明特性和适用范围。

11. 如何根据场地功能选择合理的照明方式?

12. 简述居住小区的绿地类型及作用。

13. 从美观性原则阐述物种多样性在植物配植中的作用。

14. 从宅旁绿地的功能及特点来阐述植物选择的相关要求。

5 居住小区环境景观设计实例解析

【本章导读】本章为集中实例分析部分,分别选取有代表性的别墅与低层、多层、高层及混合式住宅小区环境景观设计,介绍了基本情况、构思主题、功能空间、植物配置等。结合各实例重点介绍了小区入口、儿童游戏场地、运动健身场地和交通节点空间等对小区环境景观最有影响的功能空间,并附简要点评。

5.1 别墅与低层集合住宅小区环境景观设计

实例1 香山81号院

1)项目概况

香山81号院(半山枫林二期)位于北京市海淀区香山路81号,占地2.7 hm²,坐落于香山半山腰,与香山山势成为一体,坐北朝南,背倚香山,面朝玉泉,南望旱河(图5.1)。香山81号院(半山枫林二期)为较典型的山地别墅小区,项目景观设计的主题定位为"新诗意山居"。在设计中,设计师力求用现代的手法表述中国传统山居理想,同时满足现代人居住生活的需求。这是将传统的山居理念与现代风景园林设计思想的接轨,也映射出对传统文化精神继往开来的一种思考。

2)主题定位

香山81号院(半山枫林二期)为较典型的山地别墅小区,该项目景观设计的主题定位为"新诗意山居"。在设计中,设计师力求用现代的手法表述中国传统山居理想,同时满足现代人居住生活的需求。这是将传统的山居理念与现代风景园林设计思想的接轨,也映射出对传统文化精神继往开来的一种思考。

图 5.1　北京香山 81 号院区位图

3）布局结构

在景观设计的整体布局中，注意与建筑群风格和既有空间组织的契合。水平向大尺度挑檐是香山 81 号院（半山枫林二期）主体建筑群突出的景观特征，既有建筑群形成了两横两纵一节点的空间组织结构。基于这样的现状，设计师认为从视觉上来看，精致的传统园林风格无法与建筑群形成有效的对话，因而选取了北京山区村落质朴粗犷的景观风格为蓝本，采用了京郊山区自产的深灰色毛石，依山砌筑一系列的景观挡墙，界定出简洁明了的空间秩序，用这样的现代空间手法塑造了小区特有的整体性景观形态。

在小区的整体景观设计中，"视远"理念始终贯穿，由于小区位于玉泉山和香山的视廊上，所以"视远"成为香山 81 号院（半山枫林二期）景观设计最大的优势。通过"两纵两横"的主体景观骨架，突出了这一景观视线的优势："两纵"——保证和拓展了住区的南北景深；"两横"——疏通了住区空间与玉泉山和香山的借景视廊。在整体结构的控制下，设计了"新山居七景"的诗意空间，它们分别为"一潭天""天木霖""引泉间""筠香径""卉莳谷""静香远""仰山迫"（图 5.2）。

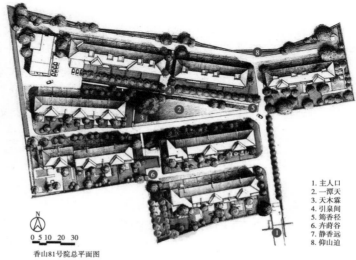

1. 主人口
2. 一潭天
3. 天木霖
4. 引泉间
5. 筠香径
6. 卉莳谷
7. 静香远
8. 仰山迫

N
0　5 10　20　30

香山81号院总平面图

图 5.2　香山 81 号院总平面图

4) 小区环境景观设计重点

（1）居住小区入口景观设计

● 主入口：住区的入口由毛石高墙加以杨树进行强调，增强空间的围合感；墙体的粗糙质感同精致的入口大门构成了有趣的视觉对比。

（2）居住小区主要景观节点设计

● 一潭天：从入口直接通向最上层台地，进入整个场地。由浅水湖"一潭天"主导的台地景观构成设计的核心区域。尽管场地面积有限，"一潭天"却通过水面的反射效果消除了可能产生的局促感（图5.3）。

● 引泉间：位于湖面一侧的"引泉间"体现了设计不同部分之间相承的一致性。利用现有的坡度，它被设计成为对同一要素——水的另外一种表达，溢流池。在"一潭天"和"引泉间"之间植修竹，隔出两个不同的空间，同时在静与动之间对话（图5.4）。

图5.3　一潭天

图5.4　引泉间

图5.5　植物配置图

（3）居住小区交通系统设计

小区主要入口位于小区南面，经过主要交通干道进到各个住宅及功能区，整个流线将功能划分明确，方便人们生活娱乐。

(4)居住小区植物配置设计

植物配置多以丛植、行植为主,大量地栽植竹子及枫树作为整个园林景观的主要植物配置,并搭配多种花卉等植物(图5.5)。

实例2 天景雨山前

1)项目概况

天景雨山前位于重庆市南岸区学府大道69号,用地面积约8 hm²。项目地块背靠南山,用地为自然坡地,南北高差较大,用地范围内有天然的冲沟以及茂密的松林。建筑类型包括别墅及多层住宅,规划定位为:充分结合自然环境及景观资源,营造具有山地空间及景观特色的低密度小区。

2)主题定位

在小区景观设计的过程中始终围绕项目规划的定位,在充分解读场地自然景观资源和建筑空间布局特征的基础上,突出山地地形特点和山林自然幽静的气质,在入口、主要步行道等重点公共景观区,营造既有中国传统韵味又能满足功能需求的新中式风格的景观;在其余景观区则突出轻松、自然的特点,营造具有休闲度假氛围的景观效果(图5.6)。

1. 车行入口   12. 入口广场
2. 竹韵山趣   13. 生态停车位
3. 鸟语森林   14. 观景平台
4. 丛林滑道   15. 漫步道
5. 明月潭   16. 溪桥
6. 山水竹韵   17. 凉亭
7. 开敞草坪   18. 入口客厅
8. 五彩云海   19. 廊桥
9. 登山小径   20. 登山小径
10. 凉亭   21. 叮咚谷
11. 山水流影   22. 森林茶室
             23. 山涧

图5.6 总平面图

3)布局结构

在对已有建筑户外空间进行梳理的基础上,结合小区休闲活动需求以及山地地形、自然景色的特征,景观设计整体布局上形成了以主要登山散步道为线索的景观带,以此串联了入口门厅、溪桥、观景平台、山水流影、山水竹韵、鸟语森林、凉亭等景观节点,打造小区的公共活动空间带。在沿等高线布局的建筑带之间,则营造了与自然景色结合的休闲散步道,延伸至西部山涧,成为最能体现本项目度假和自然特色的景观区域;在南部的高台区则通过开敞草坪、凉亭等强化了空旷的空间特征,营造一处可以休息远眺的场所。整个景观设计形成了一片、两带、多节点的布局体系(图5.7)。

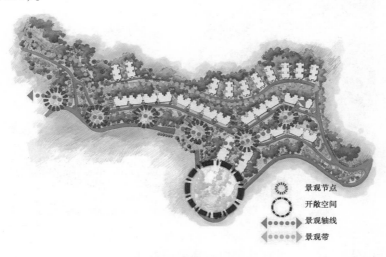

图5.7　景观布局结构图

4)小区环境景观设计重点

(1)居住小区入口景观设计

①小区入口客厅:小区入口客厅为人行入口,之所以称为客厅是为了契合营造具有休闲度假氛围景观效果的定位。景观设计中结合地形高差,以构筑物与跌水、转折的台阶、台地及坡地绿化相结合的形式体现度假酒店式的入口形象,用"起结开合、步移景异"的空间变化为业主回家创造轻松的步行感受体验(图5.8)。

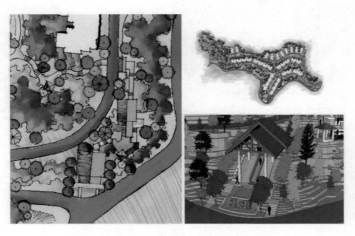

图5.8　入口客厅平面图及效果图

②入口广场:入口广场是小区的主要出入口,为人行出入口。景观设计结合售楼部展开,售楼部前区为较开敞的广场,以满足使用功能需求。售楼部南面为重点营造的景观区域,通过应

用水、小桥、廊架、梯道、植物等景观要素,结合地形变化,形成景观视线和空间丰富而多变的序列,创造出"欲扬先抑、柳暗花明"的效果。景观设计在满足售楼部功能与形象需要的同时,体现了中式园林"因地制宜、随势生机"的特征(图5.9)。

图5.9　入口广场平面图及效果图

　　③车行入口:车行入口以疏林草地的形式还原原有山头的绿色,以大尺度手法形成外部环境入口形象,借鉴中式山寨入口的造园手法形成入口空间,合理解决了功能和形象营造上的双重需求(图5.10)。

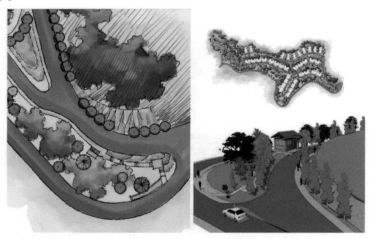

图5.10　车行入口平面图及效果图

　　(2)居住小区重要节点环境景观设计

　　①鸟语森林:该区域以儿童活动区为主,景观设计通过拟人化的处理方式,结合艺术小品形成户外儿童活动场地,在娱乐中体会到诗词的意境,也为小朋友提供一个亲近大自然、享受大自然的娱乐天地(图5.11、图5.12)。

　　②山水竹韵:该区域为户外交流的公共空间,将场景式景观序列向内延伸,通过竹、石、水生植物、构筑物小品将中国传统文化以新的手法进行演绎,使其焕发新的活力,并以此作为景观序列的高潮,给业主传递本小区的文化气息,同时也为业主提供一个融入大自然的公共客厅(图

5.13、图 5.14）。

① 凉亭　② 丛林滑道　③ 明月源　④ 家长
② 登山小径　⑤ 儿童活动区　⑥ 生态湿地　等候区

图 5.11　鸟语森林平面图

图 5.12　鸟语森林效果图

① 登山小径　③ 凉亭　⑤ 小品景石　⑦ 树下休闲空间
② 下穿道　④ 花园　⑥ 水景墙　⑧ 园区小路

图 5.13　山水竹韵平面图

图 5.14　山水竹韵效果图

③五彩云海：该区域设计运用传统园林中障景、借景的手法，利用屏风、竹、亭等中式元素形成空间的变幻，以开敞草坪将南岸区的美丽景色引入住区，为业主创造观景赏景的户外空间以感受南山的独特魅力（图 5.15、图 5.16）。

① 树林　③ 凉亭　⑤ 木平台　⑦ 自然岩壁
② 园区小路　④ 景墙　⑥ 开敞空间

图 5.15　五彩云海平面图

图 5.16　五彩云海效果图

（3）居住小区交通系统设计

小区有 1 个主要人行入口，2 个次要人行入口及 2 个车行入口（图 5.17）。内部车行道路形

成环路或尽头式(设置回车场),满足小区内部的消防需求。人行道路依山就势,形式多样,包括"之"字形登山步道、林间小路等。人行道路铺装材料多为青砖,形态变化丰富,较为曲折,宽窄多变,宽处常在道路一旁设置休憩座椅,此外在水池边多设有木平台(图5.18)。

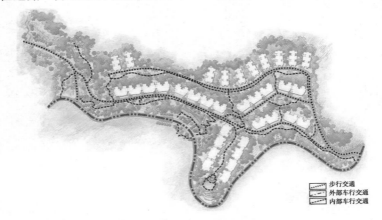

图5.17　交通系统设计图

图5.18　人行道铺装图

实例3　龙湖睿城

1)项目概况

　　龙湖睿城位于重庆市沙坪坝区大学城,有重庆大学、四川美术学院、重庆科技大学、重庆师范大学等诸多高等学府环绕四周,学院气息浓厚,人文资源得天独厚。项目总占地面积10.7 hm²,其中环境景观设计面积为7.05 hm²。建筑风格为新中式,类型主要包括别墅及多层住宅(图5.19)。

图 5.19   龙湖睿城区位关系图

2）主题定位

龙湖睿城景观设计的定位是营造既具有中国传统书院风格，又具有朴实自然风景的现代中式景观。在合院空间景观区则突出轻松自然、利于人际交流的特点，营造重庆首个大的学院社区。

3）布局结构

在遵循景观设计主题定位的基础上，整体布局强调由"合院"建筑空间所形成的院落景观，通过连续景观水系的营造，形成"让泉声带你回家"的结构线索，构建出"三溪九院"的整体景观布局（图 5.20）。

该项目被市政道路分为南北两个地块，南边以多层住宅为主，北边以别墅为主。多层住宅区景观以人工水系"三溪"为序列，别墅区景观以传统的中式院落为主，分为观澜院、莲峰院、竹林院、北岩院、瀛山院、桂香院、静晖院、字水院、濂溪院 9 个院落（图 5.21）。

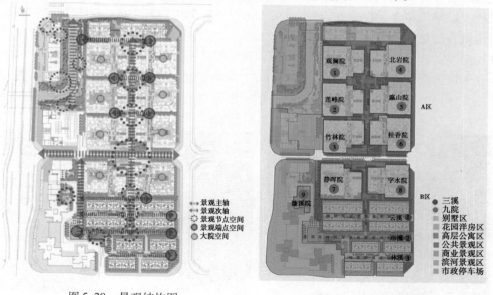

图 5.20   景观结构图

图 5.21   主题分区图

4)小区环境景观设计重点

(1)居住小区入口景观设计

小区南地块的主入口(图5.22)主要由景观墙、矩形静水面、大门、值班接待室、门禁系统等组成,活动空间较为狭小,景墙后搭配小叶榕、银杏等植物,静水池中点缀几株水生植物,生机盎然。通过门禁系统进入小区后往东走到达小区的主要道路,即小区的景观主轴,往西走则进入静晖院;北地块主入口(图5.23)主要由一块方形疏林草地、集散广场、景观墙、跌水、无障碍通道、值班接待室、门禁系统等组成,集散空间较大。

(2)主要公共空间景观设计

主要公共空间在北区块,位于小区主要景观轴线上,是小区最主要的公共活动空间,以矩形跌水池为焦点景观,池底铺满黑色鹅卵石,水池北边配以低矮的灌木种植池及木质长廊;西北处为矮墙围合的休憩空间,东边以银杏、石楠及草坪来界定其空间,满足了居民休闲娱乐、集散、观景等需求(图5.24)。

图5.22　南区块主入口　　　　图5.23　北区块主入口　　　　图5.24　主要公共空间

(3)居住小区院落景观设计

"三溪九院"中的院落景观设计是小区景观的重要内容,各院都有自己特殊的吉祥符号及特色植物。以抽象结合具象的方式,将吉祥文化和书院文化引入小区,从而营造出祥和温馨且富有诗情画意的氛围。

● 观澜院:"观澜"意为欣赏水景的佳地。观澜院是三面围合的内院空间,这种空间属性让人联想到中国古典园林中江南园林精致巧妙的空间体验。在景观设计中,以水为主题,通过景观空间的解构和引导,将原有静态的空间转化为动态的体验——达到步移景异的效果(图5.25)。

图5.25　观澜院

● 莲峰院："莲峰"意为山峰如莲花般层峦叠嶂。莲峰院的主题便为莲花与山石。院中山石则作为情意兼备的灵性主角出现，"石令人古，水令人远"，整个院子由水流贯穿，清水源源不断流入各个大小不一、高低错落的莲花池中，与鱼相伴，更增添了院子的诗意与活力（图5.26）。

图5.26　莲峰院

● 竹林院："竹林"意为如竹林般的清幽之地。竹林院景观通过竹与水景、景墙元素的不同组合方式，塑造出丰富的空间感受，着重突出竹的挺拔秀美，独具韵味。当人们有闲情逸致漫步于青青翠竹之下时，一种无限舒适和惬意之情便会油然而生（图5.27）。

● 北岩院："北岩"意为如山石般稳重。北岩院力求用景观的手法效仿自然山石在四季中不同的美景，春山的朦胧，夏山的青翠，秋山的明净，冬山的雅

图5.27　竹林院

致，并通过石材叠砌的手法构筑景墙、花池及水景，穿行于园中，令人如同身在层叠的山峦中游走（图5.28）。

● 瀛山院："瀛山"意为苍茫海中的缥缈仙山。瀛山院以"云"与山峦为主题。"云"为轻柔舒卷、飘浮流动之物，隐喻了中国传统文化中淡雅随性、清淡舒畅的文化气质。在院中主要休憩空间一侧设置镜面水池，倒映天空，形成"云水一体"的景观，并为院内居住者提供静谧的休憩环境（图5.29）。

图5.28　北岩院　　　　　　　　　　图5.29　瀛山院

●桂香院:"桂香"意为桂花般香甜的味道。桂香院主景设计为"桂下赏月"。圆月形的涌泉在空间与视线的中心,四株桂花树营造出了宁静的气氛,溪流、泉水的声音使整个空间静中有动。闻香、听声、观景三者结合,成为该院落的一大特色(图5.30)。

图5.30 桂香院

●静晖院:"静晖"意为夕阳般温暖、静谧。静晖院在此借用并通过设计重新演绎其内涵。设计亮点之一:通过水的各种形态,从院子入口到自家宅子入口一直有水流相伴,两侧并配以绿意盎然的茂林碧草,回家路径曲折而有趣,旨在营造一派流觞曲水、小桥流水人家的温暖景象。设计亮点之二:创造了"院中院"的空间格局,在"大院"里设计了多个公共性、半公共性及半私密性的宅前小院(图5.31)。

图5.31 静晖院

●字水院:"字水"意为如行云流水般的中国书法。中心院落里安放了一组作为主题标志的景观雕塑,构思来源于中国书法的字体结构,引发人们对于中国传统文化的联想和感怀。值得一提的是,这组景观雕塑又是整个院子的水系源头,泉水从字体的表面上涌出,然后流经整个院落,象征着文化脉络的源远流长(图5.32)。

图5.32 字水院

● 濂溪院："濂溪"意为如山间溪水般清澈澄洁。濂溪院位于商业区与合院区之间,而主要服务于商业区,通过连续水景的融合,使商业外环境形成了具有趣味性、文化性的商业主轴(图5.33)。

图5.33　濂溪院

(4)居住小区交通系统设计

小区有2个主要人行入口,5个车行入口(图5.34);人行入口分别位于南北两个区块,车行入口位于人行入口两侧以及南区块的南部。车行入口与人行入口分离,交通系统实行人车分流,车行入口位于人行入口两边,直接驶入地下库,降低了车辆行驶对小区居住舒适、安全所造成的影响。

小区内的交通主要是人行系统,路网为串联式,经过小区主要道路分别进入各个院落空间,道路以直线形式为主,主要铺装材料为花岗岩石板(图5.35)。

(5)居住小区植物配置设计

小区植物空间布局集合了中式景观中的层层递进以及现代自然风格的形式。为营造新中式的景观效果,植物多选择具有中国传统寓意的种类(图5.36)。

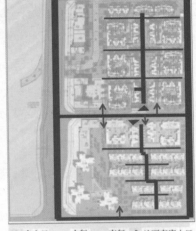

▲ 出入口　━━ 人行　━━ 车行　➡地下车库入口

图5.34　交通结构图

图5.35　小区内部人行系统

图 5.36　小区院落及公共区域植物配置

公共区域植物层次丰富,透出中间宽敞的草坪,道路两旁则以低矮灌木相接,增加围合感,形成中间透四周密的模式,乔木以银杏、桂花、红枫为主,灌木以金森女贞及红叶石楠为主。

院落别墅区域,植物的围合度较强,突出幽静私密的院落特点。各院落植物搭配各有特色,观澜院以玉兰为主景植物;莲峰院以莲花为主景植物;竹林院以竹为主景植物;北岩院以梅花为主景植物;瀛山院以海棠为主景植物;桂香园以桂花为主景植物;静晖院以柑橘为主景植物;字水院以芭蕉为主景植物;濂溪院以木芙蓉为主景植物。

小区主要道路旁的植物配置为黄葛树或桢楠+石楠、金叶女贞+草坪的三重复式模式,修剪规整,形成整洁、端庄的氛围(图 5.37)。

图 5.37　道路植物配置

实例4 隆鑫七十二府

1）项目概况

隆鑫七十二府位于重庆市南岸区新南湖大社区,西接鹅公岩大桥,东接四公里立交,南临南滨路,与长江一径之隔。项目总用地面积 2.1 hm², 其中环境景观设计面积为 1.42 hm²。整体建筑风格为新中式,建筑类型为联排别墅。

2）主题定位

项目定位为新中式风格,景观设计提取了传统居住空间的各种户外空间模式,包括门、庭(厅)、巷、院,等等。景观设计巧妙地组织起这样典型的传统空间以体现中国人的院落情结(图5.38)。

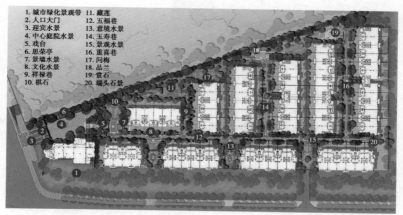

1. 城市绿化景观带　11. 藏莲
2. 人口大门　　　　12. 五福巷
3. 迎宾水景　　　　13. 意境水景
4. 中心庭院水景　　14. 玉寿巷
5. 戏台　　　　　　15. 景观水景
6. 思荣亭　　　　　16. 重喜巷
7. 景墙水景　　　　17. 问梅
8. 文化水景　　　　18. 品兰
9. 祥禄巷　　　　　19. 赏石
10. 棋石　　　　　 20. 端头石景

图5.38　总平面图

3）布局结构

项目景观布局结构由前厅、深巷及后院组成,其中深巷包含五福巷、祥禄巷、玉寿巷、重喜巷4个部分,后院分为藏莲、问梅、品兰及赏石4个院落(图5.39)。整体布局形成传统院落前院—房舍与巷子—后院的格局。

图5.39　结构布局图

4)小区环境景观设计重点

(1)居住小区入口景观设计

小区有 1 个主要人行入口,2 个车行入口。小区入口主要由石狮、景石、景墙、景观绿化带、车库景观廊架、迎宾水景、景观灯柱、地面浮雕、入口大门及保安亭等构成,入口左右各一个石狮,而后为迎宾水景,穿过迎宾水景即为入口大门,大门左右配以丛植高大乔木及孤植景观乔木,入口左边为地下停车库入口,入口右边配以景石、景墙及景观带,整体对称而规则(图5.40、图5.41)。

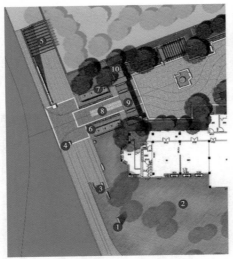

1. LOGO景墙
2. 都市绿化景观带
3. 景石
4. 石狮
5. 车库景观廊架
6. 迎宾水景
7. 景观灯柱
8. 丹陛地面浮雕
9. 入口大门
10. 保安亭

图 5.40　主入口平面图

图 5.41　主入口效果图

(2)居住小区主要景观节点设计

①王府大院——"庭"(图5.42、图5.43):分为前庭空间、台地区及水景庭院空间。前庭空间主要由思荣庭院、中心水景、思荣亭、砾石造景构成,由退叠花池形成台地景观,水景庭院空间主要由狮子柱头、戏台、碗莲水景、对景景墙等构成。

1. 思荣庭院
2. 庭院中心水景
3. 思荣亭
4. 黑色砾石造景
5. 退叠花池
6. 狮子柱头
7. 戏台
8. 芝麻白雕刻LOGO
9. 碗莲水景
10. 对景景墙

图 5.42　庭平面图

图 5.43　庭效果图

②王府大院——"巷"（图 5.44、图 5.45）：包含五福巷、祥禄巷、玉寿巷、重喜巷 4 个部分，是居民回家的必经之路。其景观由文化柱头、雕塑水景、月亮门、花池、艺术水盆、石拱桥、艺术雕花等构成，整体空间规整而丰富，趣味性强。

③王府大院——"院"（图 5.46—图 5.49）：分为藏莲、问梅、品兰及赏石等院落。藏莲院以莲湖为主景，围绕莲湖设置了藏莲亭和亲水平台，配以自然化的水生和岸际植物，突出了静谧的环境氛围；问梅院以红梅为主题植物，配以微地形变化的草坪和问梅亭，空间显得疏朗有致；品兰院以兰花为主题植物，院中配以休闲场地、小品设施、孤植庭荫树及背景树林等，是适合休闲小坐的环境；赏石院的主景为太湖石，配以"赏石"月亮门、背景竹林等景观，形成静思的环境氛围。

1."祥禄巷"地面雕花
2."玉寿巷"地面雕花
3."重喜巷"地面雕花
4.文化柱头
5.茶桌

6.艺术小品
7.节点雕花
8.石景小品
9.艺术雕花

祥禄巷

玉寿巷

重喜巷

图5.44 巷平面图

图5.45 巷效果图

1.嵌草铺装道路
2.开敞活动草坪
3.棋石
4.小型跌水
5.莲湖
6.藏莲亭
7.临水活动平台
8.月亮门

图5.46 "藏莲"平面图

1. 节点平台　2. 嵌草铺装道路　3. 微地形景观草坪　4. 红梅
5. 问梅亭　6. 汀步　7. 背景植物群落

图 5.47　"问梅"平面图

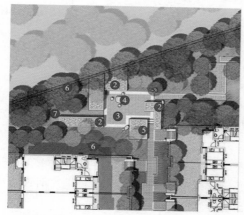

1. 嵌草铺装道路　2. 兰花种植池　3. 节点休闲场所
4. 室外小品设施　5. 种植庭荫树　6. 背景植物群落

图 5.48　"品兰"平面图

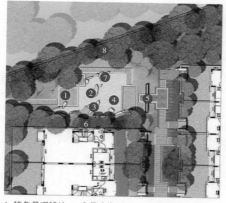

1. 特色景观铺地　2. 主景太湖石　　3. 散布条形膏石
4. 砾石铺设　　5. 赏石"月亮门　6. 背景竹林

图 5.49　"赏石"平面图

（3）居住小区照明设计

在照明设计中遵循突出景观的整体性、层次感和立体感的原则，注重景观趣味性、韵律感的营造，在灯具的选择和设置方面关注了设施的隐蔽性及节约性等特征，对"门""庭""巷""院"选用不同的照明灯具，烘托出相应的氛围。

（4）居住小区交通系统设计

小区有1个主要人行入口，2个车行入口，车行入口与外部行车道相连，直接到达地下停车库，实行了人车分流，降低了行车对环境的影响（图5.50）。小区内部人行铺装主要材料为灰色火烧面天然花岗岩，形式规则。

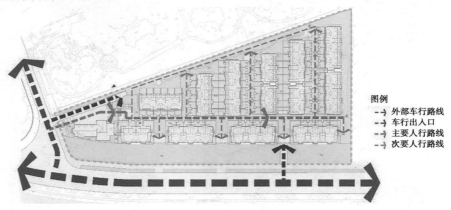

图 5.50　交通系统图

（5）居住小区植物配置设计

为营造新中式的景观氛围，小区重点选择了具有中国传统文化寓意的植物，包括梅、兰、竹、莲、桂等，根据重庆实际情况搭配乡土树种，形成高雅自然又蕴含深厚文化的别墅景观。

植物种植区域：通过功能分析，将植物分为4个区域进行设计。

①庭绿化区域：植物景观以展现大气尊贵的空间感受为目的，群落重点体现在高大乔木层，其次结合时令花卉展现各季相差异。入口区域乔木具有烘托建筑主体的特征，结合建筑景观风格选用较为古朴的乔木，如桂花、国槐、菩提树等（图5.51）。

②巷绿化区域：由于建筑对宅巷景观空间的限制，为弱化墙体带来的空间压迫感，选用了列植的竹来柔化界面，同时根据不同宅巷的景观主体搭配相应主景植物："五福巷"——竹、"祥禄巷"——海棠、"玉寿巷"——兰花、"重喜巷"——桂花（图5.52）。

③后院区域：利用乡土树种来拟定植物景观基调，同时结合后院主体分区搭配相应的主景植物，以此凸显景观主题的效果。"藏莲"——睡莲等水生植物，"问梅"——蜡梅，"品兰"——兰花，"赏石"——竹。

④隔离绿化区域：主要选用重庆地区乡土树种，植物群落上以乔木结合草坪以及宿根花卉为主，在结构的基础位置适当搭配灌木遮挡，形成干净整洁的隔离绿化带。

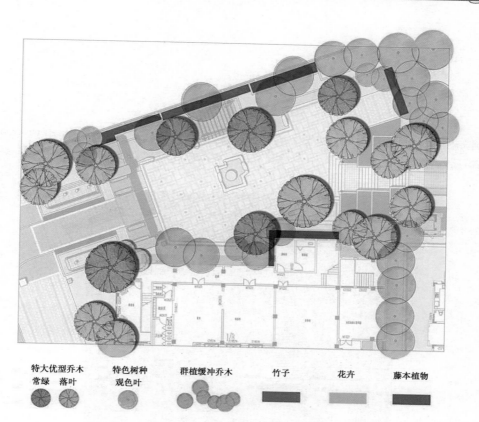

特大优型乔木　　特色树种　　群植缓冲乔木　　竹子　　花卉　　藤本植物
常绿　落叶　　观色叶

图 5.51　前庭绿化区域平面图

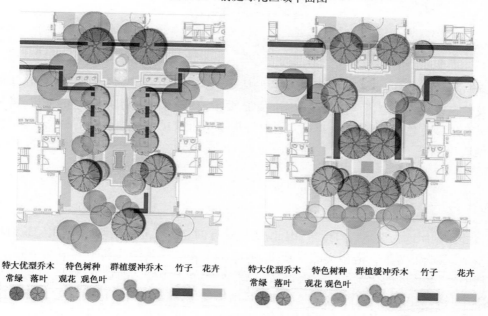

特大优型乔木　特色树种　群植缓冲乔木　竹子　花卉　　　特大优型乔木　特色树种　群植缓冲乔木　竹子　花卉
常绿　落叶　观花　观色叶　　　　　　　　　　　　常绿　落叶　观花　观色叶

图 5.52　宅巷绿化区域平面图

实例5 万科渝园

1)项目概况

万科渝园位于重庆市渝北区宝圣大道,西南政法大学对面。项目总占地面积19.98 hm²,其中环境景观设计面积6.19 hm²,采用中式风格,建筑类型包括联院别墅、合院别墅及叠拼别墅(图5.53)。

图5.53 区位关系图

2)主题定位

该项目主题定位是"重庆院子",即营造能体现地域特色的、高墙内的院落空间。因此,小区景观及建筑设计均借鉴了西南地区庄园的组成要素,高墙、深院、台阶、跌落的溪流、黄葛树等形成了具有地域特色的景观空间;建筑立面设计提取了重庆民国时期砖房的精彩元素,在空间组织上创造出前庭、中院、后院、下沉花园及露台等多种形式的私密及半私密的户外空间(图5.54)。

3)布局结构

项目的原始用地为坡地沟谷地带,因此,景观设计的整体布局顺应地形,利用建筑组群之间较大的空地,营造了两条纵横相交的景观带,形成了主要的景观轴线和公共活动空间;结合合院、联排和叠拼等不同的建筑组合方式,营造了院落、小巷等半公共的景观空间。主要景观带的横向短轴串联了主入口景观序列,纵向长轴结合地形变化设置了溪流,沿溪布置了蜿蜒的栈道,形成幽静的散步空间。两轴交汇处是小区的中心景观区,也是集中的公共活动场地,包括疏林草地、矩形叠水台、溪流和会所等,是整个景观序列的焦点和高潮(图5.55)。

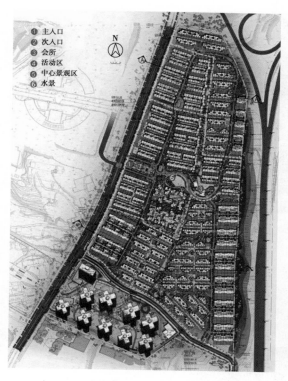

① 主入口
② 次入口
③ 会所
④ 活动区
⑤ 中心景观区
⑥ 水景

图 5.54　总平面图

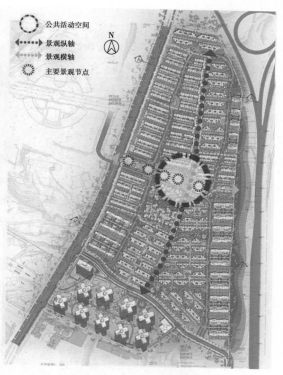

⬤ 公共活动空间
◀┅┅▶ 景观纵轴
┅┅┅ 景观横轴
✸ 主要景观节点

图 5.55　景观结构布局图

4）小区环境景观设计重点

（1）入口景观设计

小区共设 2 个入口,主入口直接开向宝圣大道,次入口位于连接宝圣大道的支路。主入口利用地形高差解决人车分流的问题,通过地形的抬高和台地层层跌落的处理,形成人行入口的景观序列:门前区域由高墙、树列、灯柱、门卫室、大门等界定空间,矩形的水池、跌水以及砖雕和青瓦相间的铺地营造安静雅致的氛围;门内区域由竹林夹道,以高大的砖雕照壁形成对景,绕过照壁,是正对主景观区域的观景平台和两侧通向住宅的回家步道(图 5.56、图 5.57)。

图 5.56　主入口

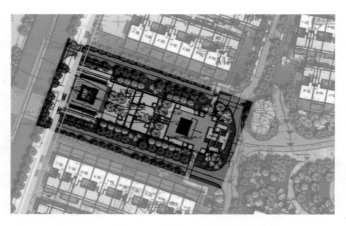

图 5.57　主入口平面图

（2）居住小区中心景观设计

从入口区域的观景平台沿阶而下，经过门型构筑物和矩形的叠水台，便是小区的中心景观区，有银杏林的草地形成疏朗的空间，与溪流的幽深形成对比，空间旷奥有致，景观层次丰富。会所及前区的分台木质平台形成了人们聚集的小空间，满足了小区公共活动的需求（图 5.58、图 5.59）。

图 5.58　中心景观

图 5.59　中心景观区平面图

（3）溪流景观设计

横向长轴的景观带以自然形态的水系串联,结合地形设计为山谷中的溪流,有缓流、深潭和跌水等。沿溪流布置折形的木制栈道,配以黄葛树、栾树等乡土树种和大小不一的自然石头,形成野趣十足的山林溪谷景观(图5.60)。

图5.60　溪流景观

（4）居住小区交通系统设计

小区有1个主入口、1个次入口。主入口中间为主要人行通道,通向各个住宅,两侧为车行道,进入小区后通往车库;次入口为人车混行入口。小区内车行道形成环线,满足了消防的需求,车行尽可能在外围入库,在中心地带基本实现了人车分流,减少了车行对环境的干扰(图5.61)。

（5）居住小区植物配置设计

小区的植物设计以自然式为主,运用植物造景来营造中式景观。

①车行道植物配置:车行道两旁的植物以香泡树、小叶榕和黄葛树为主要乔木,配以南天竹、鸭脚木、天堂鸟、肾蕨、冬青等灌木及草本,在有挡土墙的一边种植竹子,配以肾蕨等(图5.62)。

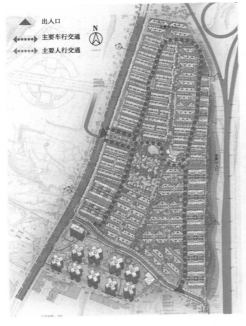

图 5.61　交通系统分析图

图 5.62　车行道植物配置

②心溪流植物配置：溪流的植物配置中，乔木以黄葛树、栾树、小叶榕、垂柳等为主，灌木为自由生长的迎春、蒲葵、肾蕨、龟背竹配以修剪规整的海桐、金叶女贞、紫叶小檗、杜鹃等，水生植物以小香蒲、狐尾草等为主，营造野趣又不失高雅的山地庭院景观（图 5.63）。

图 5.63　小区溪流植物配置

5.2　多层住宅的小区环境景观设计

实例1　龙湖·大城小院

1）项目概况

龙湖·大城小院居住小区位于重庆市渝北区冉家坝余松路西侧。项目占地约3.97 hm²,总建筑面积约为7.1 hm²,容积率约为1.8,绿地率约为30.5%。项目以多层住宅为主,整体由7栋多层花园洋房和3栋小高层组成(图5.64)。

2）主题定位

项目定位为高档花园洋房住宅区,共有10栋住宅,其中3栋小高层位于居住区西南角临道路的界面上,其余为7栋多层,呈院落式布局,形成了6个合院,多层与3栋小高层之间为中心组团绿地(图5.65)。居住小区的建筑为简约的现代主义风格,以灰白黑为主色调,采用朴实纯净的立体构成形式,别致而简洁。景观设计以自然、田园风情为主题,体现了现代休闲居住概念。景观设计结合自然地形和环境特点,采用以曲线为主的平面构成形式,灵活多变地结合建筑布局和地形高差,做到整体规划布局合理、富有特色、结构清晰、功能完善。

图5.64　大城小院区位

1 人行入口
2 人车混行入口
3 地下车库入口
4 车行入口
5 地下车库入口

图5.65　总平面图

3）布局结构

小区环境景观设计的基本布局结构依托地形走势和建筑组群的围合空间,形成两条主要的景观带。第一条以居住区南侧的人行车行入口为起点,进入位于高层与多层组团间的中心组团绿地,以此为中心并以道路和散落的大小各异的水景连接各个多层的院落。第二条以东侧人行主入口为起点,与6个多层的组团间以一个较大的水面相连,形成多层部分的中心绿地(图5.66)。

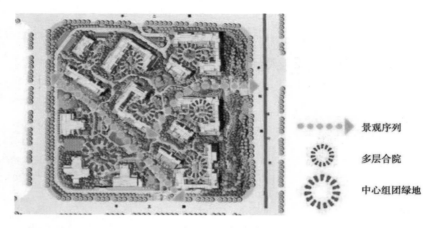

图 5.66　布局结构图

右侧图例：
- ●●●●▶ 景观序列
- 多层合院
- 中心组团绿地

4)小区环境景观设计重点

(1)入口景观设计

居住小区共有 2 个人行入口。其中南侧为门禁式管理的人车混行入口,主要由门前区、门体和门内区域组成。门体、小区围墙、小区标识和花池等景观要素共同界定出门前区域,设计简洁明快,标识以一株大乔木来衬托,形成醒目的点景,大方而突出,同时采用质地较为粗糙的石材作为背景,搭配金属材质的文字标识显得精致而醒目,围墙采用石材与玻璃两种材料,一虚一实,使小区内景色若隐若现;门内主要通过植物配置和利用堡坎设计的跌水形成对景,与曲线形的步道结合,引导回家的路径。另一个人行入口位于居住区东侧的余松路上,此入口存在有较大的高差,因此采用了折形坡道和自动扶梯相结合的方式解决高差。折形坡道以质地粗糙的石材垒砌,搭配肾蕨和迎春等植物,形成了对城市的形象展示面,营造了自然野趣的空间氛围。通过这样的高差处理,使回家的居民自然而然地从城市较大尺度过渡到居住小区内的较小尺度中,也体现了从外到内、由"闹"到"静"的逐层过渡,使居住小区舒适、宁静的环境氛围更加突出(图 5.67)。

图 5.67　入口景观设计

(2)主要公共空间景观设计

居住区的主要公共空间为 3 栋小高层和多层组团之间的区域,主要由建筑进行界定和围合。公共空间的主景观要素为一连串大小形态各异的水体,这些大大小小的水池散落在主要的道路旁侧,形态自然多变。池边有小尺度的木平台、休憩和锻炼健身等设施,池岸为大块的岩石,石缝中生长肾蕨,用人工的手法还原了自然水池及水池边生态环境的面貌,将原生态的景观融于住区之中,使小区居民在小空间中也能最大限度地享受自然的美景。水池分台地分布,高差之间以台阶或坡道相连,无论是台阶或坡道,均用自然石材垒砌,勾勒出延伸的线条,粗糙的表面肌理和整体自然的风格相吻合。植物配置上层次非常丰富,在邻近小高层种植了大乔木,高度在 8~10 m,遮挡了建筑立面并勾勒出背景林冠线;之前是高度为 3~4 m 的小型乔木、大灌木和 1~2 m 的灌木层;临近硬质铺装的为花卉、地被层,该部分种植以时令花卉为主(图 5.68)。

图 5.68　主要公共空间景观设计

(3)多层组团景观设计

居住区共有 7 栋多层,形成了 6 个大小相当的院落,在这 6 个当中位于东北角一侧的院落以水池为中心景观,其余 5 个均以绿地为中心景观。

以水池为中心景观的院落空间显得开敞,水池以自然石块为底层层跌落,流畅的线条富有动感和韵律感,池中有少量的挺水植物,凸显了自然野趣。水池一侧设置了木平台,并放置了座椅等休憩设施,院落内的道路环绕水池布置,并以此引出入户的道路。在植物配置上,位于边界的植物种植密度较高,如银杏等,适当遮挡了建筑的立面,院落中部植物种植较少,灌木和地被的层次较为丰富,如八角金盘、棕竹、冷水花、麦冬等,营造了疏朗开阔的空间,以水景为中心配以层次丰富的种植,尺度宜人,肌理细腻,为居民提供多处与自然亲密接触的场所,使居民可在自然休闲的环境中交流休憩并欣赏层次丰富的植物景观。

以绿地为中心的 5 个院落在植物种植上同样以高大乔木限定边界,形成中部的开敞绿色空间。中部植物以地被层和乔木层为主,尤其注重色彩的搭配及开花植物的配植,通过植物塑造温馨而舒适的效果。院落中还设置了座椅、陶罐、花钵、花箱等景观小品,整体上充分考虑人的尺度、视觉感受与行为特点,给予居住者温暖、自然的生活氛围(图 5.69)。

图 5.69　多层组团景观设计

（4）交通系统设计

小区共有一个人车混行入口、一个人行入口和一个车行入口。车行道位于居住小区西侧边界，地下停车库入口靠近小区车行入口，此交通体系的布局方式巧妙地解决了小区人车分流的问题。小区道路系统级别明确。车行道宽 5 m，主要解决小区内的货运及消防；步道宽 2~3 m，是居民日常休闲散步的空间。步道形态变化丰富，路面铺装材料均为水洗石，米黄色的暖色系与建筑色彩呼应，同时又映衬了植物的浓密，路边的休憩座椅和健身器材为人们提供动静相宜的休闲活动（图 5.70）。

图 5.70　交通系统设计

（5）照明设计

居住区整体照明灯具的风格与居住区整体自然休闲的风格一致，材质上为钢与玻璃，色彩上以黑灰色和白色为主。其中车行道设有单侧路灯，为圆柱状，人行步道路灯同样为圆柱状，并在灯柱上设置了楼栋指示牌，增加了实用性。入户小道的灯具尺寸较小，为素雅的白色，营造了温馨的居住氛围。此外人行步道上还设有地灯，为黑色圆柱状，通常较为隐蔽，在夜间有只见灯光不见灯具的效果。

实例 2　重庆龙湖 U 城

1）项目概况

重庆龙湖 U 城（一期）项目位于重庆市沙坪坝区大学城北路 94 号，项目占地 15.7 hm²。背靠缙云山脉，紧邻重庆大学、四川美术学院、重庆师范大学等众多高等学府，西侧靠近绕城高速，东南侧为城市轨道交通站。该项目为多层住宅居住小区（图 5.71）。

2)主题定位

结合项目所处区位和建筑风格,该项目景观设计的定位以学府风格和英伦风格的结合为切入点,提出"伊顿精神"的主题。设计师以"伊顿精神"的10项经典品格为主题,营造了10个不同风格的院落,利用植物、水体、小品、雕塑等景观设计元素,创造出了具有丰富景观性和实用性的功能空间(图5.72、图5.73)。

图 5.71　龙湖 U 城区位图

图 5.72　龙湖 U 城院落

3)布局结构

在景观设计的整体布局中,主要任务是将10个主题不同的院落有机地组织在一起,因此,设计师利用红色的折线铺装为线索,形成了"两主轴,三次轴,一中心,十合院"的景观构架:两主轴——景观绿轴、景观水轴;三次轴——3 条组团绿廊;一中心——入口中心景观区;十合院——10 个主题院落花园。通过这样秩序梳理,10 个不同主题的院落被有机地串联为一个整体,而原本空间形态雷同的院落,也因有不同的景观设计而变得生动亲切,同时也提升了院落的辨识度和住户的归属感(图5.74)。

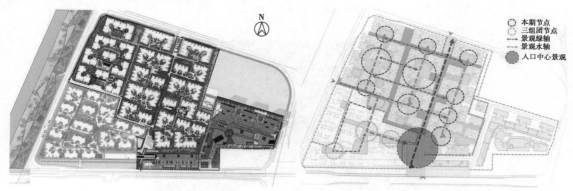

图 5.73　龙湖 U 城总平面图　　　　　　　　图 5.74　景观结构图

4)小区环境景观设计重点

(1)居住小区入口景观设计

①主入口景观:主入口由门前广场、门体、门内景观区域三部分组成。门前广场延续小区内

主轴线的斜向结构线,通过特色铺装线的引导,与沿街商业的铺装形式融合为整体的小广场区,解决人流的集散问题;门体延续商业裙楼的建筑造型,通高两层的框架形成小区的标志性景观构筑物,门卫室解决出入的管理;门内景观区域主要由大面积水池、景观灯柱、树池和自然式绿化等要素构成,主轴线一侧列植高大乔木,将水面划分为两个区域,西部水面结合自然式种植形成较为私密的景观空间,东侧水面则结合白色沙石形成较为开敞的景观空间。铺装结合英伦风格与建筑饰面风格,以棕红色烧结砖为主,与建筑群界面统一协调(图5.75)。

②次入口景观:次入口主要由入口小广场、台阶、门内小场地三部分构成。次入口景观设计利用原有竖向高差营造三层台地,同时配合花池与垂直绿化尽量软化生硬的铺装台阶。地下车库入口处设置棚架结构进行遮挡和绿化。台地端头的种植池进行集中绿化,同时又设有台阶边的小型灌木种植池。最上层台地设计了带有浮雕的景墙,最下层形成入口小广场,用于人流集散(图5.76)。

图5.75　龙湖U城主入口　　　　　图5.76　龙湖U城次入口之一

(2)居住小区主要节点景观设计

①中心轴线景观:此区域以具有引导性的铺装为主体,结合水体、行道树及各类景观小品形成整个小区的核心景观区域,也是串联各个院落及景观节点的交通纽带,与各个院落一同构成了小区主要景观骨架。设计师利用直线和自由曲线的结合营造出点、线、面多变的平面形式,加之利用台阶处理的竖向变化,形成了丰富多变的空间氛围以及精彩的空间序列(图5.77)。

图5.77　龙湖U城主轴线

②主题院落景观:此区域以建筑物围合出来的主要空间为主体,结合其定位赋予的英伦经典主题,通过植物配置以及挡墙、座椅、雕塑等景观小品对该类空间进行亚划分,形成了不同主题的院落空间,并顺应其主题特征赋予其不同功能,如儿童游乐、中老年健身休闲、植物观赏等,进而形成各类空间特征。

其中雪园主要为儿童游乐提供场所,兰园、翠园、清园、金园、褐园为居民提供较为私密的休憩场所,橙园与紫园则较为开放,为居民提供聚会娱乐的场所,霞园偏向展示功能,而玫园则更偏重游赏,承担着居住区内小游园的功能。各个院落空间虽然承载着不同的主题,空间特征具有差异,但其均统一于小区整体景观风格(图5.78)。

图 5.78 龙湖 U 城院落

(3)居住小区交通系统设计

小区共 3 个出入口,其中南侧入口为主入口,北侧和西侧入口为居住小区次入口,该小区采用人车分流模式,在每个入口处车辆均进入地下车库。

居住区内道路系统分为三级,主要车行道为隐形消防车道,宽度为 4.5 m,主要解决消防和必要时的行车需求,路面铺装为花岗岩和植草砖结合;二级道路为组团内部道路,路面宽度为 2~3 m,道路铺装主要为花岗岩,两侧有卵石收边,道路两侧种植灌木及中大乔木进行空间围合,主要解决日常人行交通;三级道路为宅间小路,宽度为 1.5 m,主要解决住户搬运物品,在入户处适当放大,并结合景观设计满足了居民散步等游憩活动需求(图5.79)。

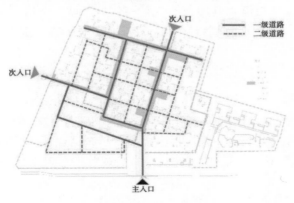

图 5.79 龙湖 U 城交通系统分析图

（4）居住小区照明设计

居住小区内照明灯具整体风格与小区环境相一致,结合黑色雕花纹理,营造出与整体英伦学院风格协调的色调(图5.80)。

图5.80　龙湖U城照明灯具

（5）居住小区植物配置设计

居住小区整体植物风格现代、疏朗。公共区域的植物种植密度由边界向内逐渐降低,使活动场地开阔,植物空间层次丰富,弱化了建筑的压迫感,如上层种植槐树、朴树等高大乔木,中下层种植蒲葵、鹅掌藤、红檵木球、梭鱼草、肾蕨等。入户区域为突出其辨识度及居民归属感,则多运用中小型乡土植物围合入户空间,如棕竹、海桐球、小蜡、海芋、冷水花等。在入口水景区域主要种植香蒲、狼尾草、花菖蒲、花叶芦竹、再力花。水岸周围及水中配置的植物不仅能营造较为生态的景观效果,而且起到了净化水体的作用。

实例3　金庭国际花园

1)项目概况

金庭国际花园位于南京市溧水县城西南,毓秀路以西,城西干道以东,规划中的花园路南侧。占地面积约8.7 hm²,总建筑面积112 900 m²,基地基本呈梯形,地形起伏较大(图5.81)。

2)主题定位

景观设计围绕自然化、生态化、国际化和现代化的主题展开,功能与形式相结合,以"源于自然,注重整体,强调功能"为设计特点,提出"尊""庭""游"三大景观概念。

"尊"——小区整体形象结合了中国"九五之尊"的传统寓意,同时不失内敛的稳重与成熟。景观主轴悠长舒展,大气灵动。在景观主轴线、中心景观节点布置水景,起画龙点睛的作用,为小区带来一份灵气。

图5.81　居住区区位

　　"庭"——闲看庭前花开花落。组团绿地以自然休闲为主,设置了各类大小不同的活动场地,可满足各种人群的各类户外活动需求,像老人健身、儿童游戏、交流聊天、安静休息、读书、下棋、散步、慢跑等都能在其间找到合适的场地,各得其所,互不干扰。

　　"游"——于曲径通幽处漫步回家。宁静是一种沉淀,安静的住区景观造就花园感。小区内部人车分流,全无车马之喧。对于绿地进行适当造坡,强调立体绿化概念,以体现不同层次、不同高度的绿化,让住户在鸟语花香中回家和出行(图5.82)。

图5.82　景观效果图

3)布局结构

　　设计案遵循规划特点,以统一的设计手法强调景观轴线,突出中心景观,并赋予各部分不同的使用功能。两条景观轴线贯穿东西、南北两个方向,交汇于中心水景广场——金庭广场。按照道路分隔及建筑形式,小区分为5个组团:芳草碧园、丁香春苑、玫瑰花语、梧桐秋雨、紫玉兰亭。对各个组团庭院的处理则是以简洁实用为主旨,提供不同的景观主题,为小区各个年龄群体提供了休闲活动的场所,创造兼具观赏性和参与性的人性化活动空间。在景观规划中注重竖向景观设计,社区内的微坡地形最大限度地保证了各个角度的景观观赏度,漫步在绿色景观道中,恍然置身于园林林荫中。通过起伏的坡地、散步道、花架、水景、雕塑、小品,使景观向庭院层层渗透,园林与小区功能高度结合,中央活动空间相互渗透。集观赏、游览、休憩于一体,创造出环境整体化、景观丰富化、功能多样化的小区景观空间(图5.83)。

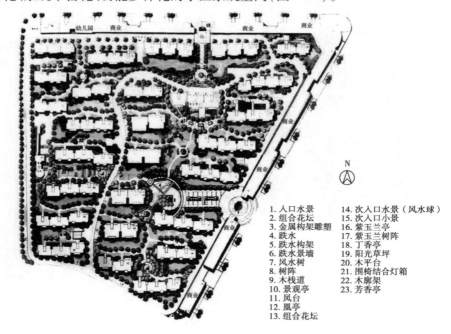

1. 入口水景
2. 组合花坛
3. 金属构架雕塑
4. 跌水
5. 跌水构架
6. 跌水景墙
7. 风水树
8. 树阵
9. 木栈道
10. 景观亭
11. 风台
12. 凰亭
13. 组合花坛
14. 次入口水景(风水球)
15. 次入口小景
16. 紫玉兰亭
17. 紫玉兰树阵
18. 丁香亭
19. 阳光草坪
20. 木平台
21. 围椅结合灯箱
22. 木廊架
23. 芳香亭

图5.83　金庭花园景观总平面图

4)小区环境景观设计重点

(1)居住小区入口景观设计

①主入口:设计手法将功能与景观元素相结合,以圆形构图形成铺装广场,中心为特色水景,景墙与跌水相结合,并以树形优美的树种作为背景,结合两旁商业街形成人气聚集的社区入口,勾画出热烈、大方、主题突出的形象景观。

②商业街:体现"少即是多"的现代主义设计理念,整个商业街的铺装采用简洁而富有韵律的图案,配合景观灯柱、广告牌及各种极富艺术性的小品,提供购物、休闲、餐饮等多种功能,形成个性鲜明的空间,营造繁华热闹的氛围。

(2)居住小区重要节点景观设计

①金庭广场:通过圆形聚合空间和放射性线条构图,设计了造型新颖、丰富多变的水景景观。在水景的设计中强调了安全性和居民的参与性,浅水的水池结合亲水台阶,使其可观、可戏。广场中心的树阵和造型现代的景观构架,为人们提供了休憩空间,同时也体现了小区风格,增强了入口的标识性(图5.84)。

②芳草碧园:位于小区西北部,通过较大面积的草坪创造出较为开敞的居民活动场地,并利用多种芳香类植物种植对空间进行亚划分,对相应区域进行视线阻隔,营造出富有变化的活动空间。

③丁香春苑:位于小区西南部,通过植物与微地形创造出较为简洁、现代的活动空间,在开敞区域设置了小广场与凉亭,动静区合理划分,为居民提供了良好的活动空间与休憩空间。

④玫瑰花语:位于小区中心,以玫瑰种植为主,结合景观游步道,营造出以游赏活动为主的

1. 金属构架
2. 银杏树阵
3. 跌水景墙
4. 风水树
5. 景观跌水面
6. 景观跌水构架
7. 木栈道
8. 台阶

图5.84　金庭广场景观详图

中心小游园。

⑤梧桐秋雨：位于小区东侧，以梧桐树为主要树种，并设计"凤台"和"凰亭"两个活动区域，在形象主题性较强的区域为居民提供了合适的活动区域（图5.85）。

⑥紫玉兰亭：位于小区东南角，景观设计上以植物景观为主，并以紫玉兰为特色树种，提供集中的休闲小广场，是人们闲聊、休憩的良好场所（图5.86）。

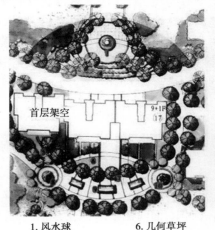

1. 风水球　　　6. 几何草坪
2. 阶梯　　　　7. 梧桐树阵
3. 花坛树阵（银杏）　8. 凤台
4. 模纹花坛　　9. 组合花坛
5. 汀步　　　　10. 凰亭

图5.85　梧桐秋雨景观详图

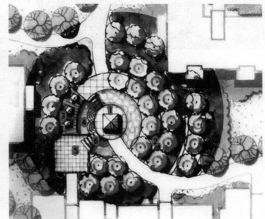

1. 紫玉兰亭　　4. 雕塑喷水
2. 紫玉兰树阵　5. 景观跌水面
3. 木平台　　　6. 汀步

图5.86　紫玉兰亭景观详图

（3）居住小区交通系统设计

小区共2个出入口，其中东侧入口为主入口，北侧入口为居住区次入口，均为人车混行入口。居住区内道路系统分为三级，其中主要道路宽度为6 m，主要解决车行交通和消防需求，道路两侧植物配置以行道树和低矮灌木、草坪为主；二级道路为组团内部道路，宽度为3 m，解决日常人行交通，道路两侧采用乔灌草多层次种植模式；三级道路为宅间小路，宽度为1.5 m，结合景观设计满足居民散步等游憩活动需求。

（4）居住小区照明设计

小区照明灯具设计与小区整体景观设计和谐统一,道路两侧运用了黑色金属路灯,活动广场运用了庭院灯与泛光灯,不仅为居民活动提供照明,也对广场空间进行了限定,丰富了广场的景观要素。绿地部分运用了草坪灯与埋地灯,具有一定的隐蔽性,与植物种植相结合,体现了一定的韵律感。

（5）居住小区植物配置设计

该居住区运用群落式植被、疏林草地等种植手法使其呈现现代、疏朗的种植风格。植物空间布局集合了简约现代的植物空间营造以及传统自然风格层次丰富的形式,规则式种植与自然式种植相结合,协调统一。植物种类多选择具有当地特色的乡土类植物和具有观赏价值的特色观赏类植物来创造出具有现代特色的居住游憩空间。其中车行道路两侧列植行道树,主要树种

图5.87　植物配置

为香樟;中心景观区域种植树阵,形成居民休息区域;各组团内部根据不同功能活动需求和不同承载主题有不同的配植模式,其中芳草碧园主要为芳香植物与开阔草坪结合微地形塑造活动空间,主要树种为含笑、樟树、枇杷、椤木石楠、鸡爪槭、红枫、海棠、金丝桃、杜鹃、山茶等;玫瑰花语主要种植玫瑰;丁香春苑则以种植丁香为主,配以点景树,如朴树、樟树等,营造出自然生态的环境;梧桐秋雨区域则以梧桐树为主要树种,结合中下层低矮植物,如海棠、金丝桃、杜鹃、山茶、麦冬等,形成主题性较强的植物群落(图5.87)。

实例4　深圳中海半山溪谷

1）项目概况

中海半山溪谷位于深圳市盐田港西南片区,背靠梧桐山,面向盐田港,呈西北高东南低的走势。该项目三面环山,一面看海,环境静谧,鸟语花香,是盐田的高品质居住小区。小区占地面积8.4 hm²,建筑面积93 868 m²,绿地率34.2%。住宅建筑层数为5~8层,公建层数为1~3层。建筑材料采用木材、毛石、钢、涂料等,以求在立面效果上尽量与自然环境相融合,体现山野情趣(图5.88)。

2）主题定位

该项目定位为"山水栖居"。规划设计以创造现代化、生态化、园林化和可持续发展的居住整体环境为目标,在设计中注重自然生态环境的营造,结合地形变化,提供不同标高、不同层次的组团空间,以人性化的设计为引导,创造具有一流水准与良好生态环境的居住空间。景观设计契合其定位,将山、水环境引入小区内部,结合地形的景观水带成为小区景观的中心,创造出

天人合一、诗意栖居的小区景观。

3）布局结构

项目用地位于梧桐山东坡,高低错落,整体地形为西高东低,因此,每个建筑组团均依山就势而成,形态自由多变。景观设计中的重点为两条水系,一条为保留的基地北侧的山溪,另一条为小区中心景观水系。为了使住区内空间得到充分利用,设计师将北侧溪流与建筑物相结合设计为私家小院。与北侧溪流遥相呼应的小区中心景观设计以叠水为视觉焦点,并形成了小区内主要的中心景观轴线和公共空间,水系顺着山势层层跌落,最后延伸到会所主入口处,从而使建筑和自然环境景观达到了完美的融合(图5.89)。

图5.88 景观总平面图

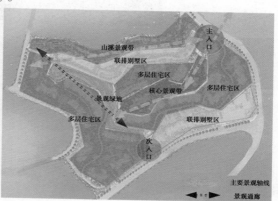

图5.89 布局结构

4）小区环境景观设计重点

（1）居住小区入口景观设计

在主入口利用跌落的水系组织了两条登山道。一条由会所乘电梯直达半山处,另一条可由另一条沿水系而下的山路顺台阶而下,在体验身边的山水景观的同时面向大海。这种灵活布局不仅形成了一系列十分丰富的院落空间和多界面、多层次的复合空间效果,而且还使空间环境质量得到大幅度的提升(图5.90)。

（2）居住小区中心景观设计

居住小区中心位于基地中部,设计最大限度地保留了基地中间的一座小山和两个水塘,并对其进行了改造利用,使之形成了整个社区的景观

图5.90 半山溪谷主入口

中心。中心景观以叠水为视觉焦点,并结合自然式种植和保留的山体、水塘形成了层次丰富、错落有致的核心景观带(图5.91)。

图 5.91　核心景观带

(3)居住小区交通系统设计

小区共 3 个出入口,其中东北侧入口为主入口,西南侧和东南侧入口为居住区次入口,均为人车混行出入口。居住区内道路系统分为三级,其中依地势设计的一条位于不同标高的贯穿各个组团的车行交通环路,为该小区主要道路,宽度为 5 m,考虑景观需求,部分区域设计了隐形消防通道,主要解决车行交通和消防需求;二级道路和三级道路为小区内步行系统,沿基地的中间向四周放射,减少了人与机动车辆的交叉。二级道路是组团道路,宽度为 2.5 m,解决日常人行交通;三级道路为宅间小路,宽度为 1.5 m,结合景观设计满足居民散步等游憩活动需求。

(4)居住小区照明设计

居住小区的照明设计强化了景观的整体性和层次感,在主要道路进行单侧照明设计,运用黑色照明灯具,与其建筑物的深色玻璃相呼应,和谐统一,并与灰色混凝土道路及两侧绿植形成较为鲜明的对比(图 5.92)。

图 5.92　照明灯具

(5)居住小区植物配置

以山水田园形象为小区景观设计的主要风格,所以,植物种类多选择具有传统山水田园寓意的品种,主要植物有樟树、红锥、海南红豆、尖叶杜英、香蒲、花菖蒲、花叶芦竹、芦苇、睡莲等。水生植物与低矮灌木结合水体塑造近人的空间界面,再辅以远景高大背景林和近景中大型点景树,营造出自然、统一的栖居环境(图 5.93)。

图5.93　植物配置

5.3　高层及混合式住宅小区环境景观设计

实例1　中冶·北麓原

1)项目概况

中冶·北麓原位于重庆市渝北区金开大道,轨道交通3号线鸳鸯站旁,东临保利高尔夫球场,与球场垂直高差约70 m。项目占地约15 hm²,总建筑面积约29 000²,容积率约为2.0,绿地率约为35%。规划有临崖别墅、多层洋房、高层、LOFT公寓、商业街、酒店式公寓等(图5.94)。

2)主题定位

建筑定调为北欧风情,建筑造型简洁凝练、风格优雅质朴、色彩明快。景观设计的主题定位为自然生态、绿色环保的高品质景观。在景观设计中结合地形特点,引入了低影响开发的理念,通过雨水收集和利用的景观化处理,传递了"让自然做功"的生态理念,形成了小区自然朴实、生态友好的环境氛围。

3)布局结构

项目整体布局根据其所处位置的交通优势与景观优势展开——西侧利用城市主干道布置了沿街商业与车行人行出入口;东侧利用临崖的优良景观视线布置了别墅和高层住宅;多层洋房位于商业区与高层之间,呈组团式布局(图5.95)。

景观序列:以主入口至会所及临崖眺望台的序列为主轴线,轴线以大水面为中心,北侧在洋房区内和高层与洋房之间布置了两条带状雨水花园,所收集的雨水汇入大水面,由此展开形成连续的水景。沿雨水花园布置汀步、休闲平台、堆坡造景和活动场地等,创造了丰富多变富有趣味性的活动场地。南侧及东面为临崖界面,布置游步道和瞭望台,可以充分借用城市的景观资源。

图 5.94　项目区位图　　　　　　　　　图 5.95　布局结构图

4)小区环境景观设计重点

（1）入口及商业区景观设计

居住小区有 2 个车行主入口,分别位于金开大道和北侧支路;一个人行主入口,与金开大道上的车行主入口并排布置,用景墙进行分隔。入口空间由门体和两侧的商业建筑构成,门禁式管理,素雅的色彩、延伸的景墙、高耸的住区标识,配以简约的线条、岗亭和开阔的台阶等,共同营造一个优雅、富有现代气息的开敞空间和具有充分引导性的主入口,给人以愉悦、轻松休闲的生活氛围。台阶配以无障碍坡道和跌水,以色叶植物为背景,与景墙配合形成迎宾的效果,在两旁的商业街中显得人气聚集,大方突出。商业区在主入口两侧展开,以绿植阻隔道路不良景观,设置了临时停车位。商业街的铺装采用素雅的色彩和简洁的构成形式,配合景观灯柱、广告牌等,提供购物、休闲、餐饮等多种功能,形成个性鲜明的空间,营造了繁华热闹的氛围(图 5.96)。

图 5.96　入口及商业区景观设计

（2）雨水花园及生态池设计

雨水花园是该居住小区景观设计的重点，居住小区场地北高南低，顺应地形的坡度，布置了两条带状雨水花园，最终汇入中心生态收集池中。靠西侧的一条带状雨水花园位于洋房和高层之间，是连续的水景，长约 600 m，最宽处约 10 m，最窄处约 1.5 m，平均深度为 0.3 m，沿途高层和洋房屋面雨水直接排入此水景中。该水带形态曲折多变，有的远离步道位于草坪之中形成溪流的效果，有的与廊架和活动场地结合，有的位于步道一侧。以肾蕨为主配合自然置石，凸显了野趣的韵味；另一条以点状形式设置在各个洋房组团内，各水面有大有小，大水面面积约 200 m²，深约 0.6 m，小水面面积约 20 m²，深约 0.3 m，水景之间采用暗管连通，组团内的洋房屋面雨水直接排入其中。该水带整体形态规则，人工化更为明显，与另一条形成鲜明的对比。植被以狐尾藻、旱伞草为主，配以鹅卵石，显得小巧精致。

两个带状雨水花园的水最后汇到一个面积约 1 000 m² 的生态收集池，池岸曲折，水面形态多变。沿入口视线方向布置了水生植物，水岸种植乔木，形成疏林草地，丰富了视线的层次，对建筑的立面进行了一定的遮挡，植物的种植与水岸的形式相呼应。另一侧水岸高差变化较大，布置了青石条嵌于草地中，富有动感和延伸感，凸显了地形的变化，同时满足人们休憩的需求。从端部到集中水池，屋面雨水及地表水沿途汇集到溪流中，一方面通过跌落池进行沉淀，另一方面通过植物过滤来净化水质。沿途种植植物的区域分为密植区和疏植区，二者交错布局，不仅能净化水质，而且也能调整视线效果（图 5.97）。

图 5.97　雨水花园及生态池设计

（3）主要公共空间景观设计

居住小区主要公共空间包括别墅、洋房及高层 3 个区域。

①别墅区域公共景观：别墅区在东侧临崖一面展开，其公共景观的设计充分利用了良好的景观资源，临崖线一带设置了散步道和休息廊架，其间穿插若干瞭望台，平台挑出 5 ~ 8 m，站在

其间可以眺望低处的高尔夫球场,可将城市美景尽收眼底。

②洋房区域公共景观:洋房以多层次、小组团空间布局为基本原则,因此,其公共空间形态灵活有序,景观设计及活动空间沿两条带状雨水花园展开,雨水花园形态较为规则,依附水景布置廊架、休息平台和其他活动场地。组团绿地部分中心开敞,周围以雨水花园、散步道和列植乔木形成丰富的层次,整体设计手法统一,中心景观突出(图5.98)。

图5.98　洋房区域公共景观

③高层区域公共景观:高层建筑底部架空,使得居住区内部景观可以互相渗透,打破高层住宅巨大尺寸给景观带来的压力与沉闷感,布置入户空间和休息场地等。高层区域中心景观以地形塑造为基础,形成地面自然起伏的疏林草地景观,在其间布置有趣味的活动场地,满足了居民的使用需求(图5.99)。

图5.99　高层区域公共景观

（4）交通系统设计

居住小区西侧紧邻城市主干道——金开大道，北侧有一条支路，在这两条路上各有一个车行出入口，车行道呈环状布置，串接洋房、高层和别墅区，地下车库出入口位于金开大道一侧。人行主入口临近西侧车行入口，部分人行步道平行于车行道布置，做到了人车分流。

（5）植物配置

植物总体风格疏朗、清爽，植物层次搭配丰富，色彩变化多样。雨水花园水边主要种植香蒲、狼尾草、花菖蒲、花叶芦竹、再力花等。生态水池周围及水中配置的植物不仅能调节水质，还能固定池底的土壤，这些植物在春夏繁茂，景观效果较好，冬季枯萎会有一种苍凉的味道（图 5.100）。

图 5.100　植物配置

实例 2　龙湖·春森彼岸

1）项目概况

龙湖·春森彼岸位于重庆市江北区北滨一路北侧，毗邻嘉陵江。项目占地 15.7 hm²，沿嘉陵江长约 1 000 m，进深约 200 m，总体高差约 70 m，总建筑面积约 77 000 m²，景观设计面积 10.8 hm²，容积率为 4.88，绿地率为 35%。设计范围包括滨江商业区（龙湖星悦荟）、写字楼、14 栋板式小高层、12 栋高层等。该项目曾获 2004 年 AIA 城市设计金奖（图 5.101）。

图 5.101　龙湖·春森彼岸区位

2)主题定位

该项目建筑风格现代、时尚、简约。景观设计以"水石"为主题,充分利用规划布局空间的流动性,借以空间为水,建筑为石,用"浪打浪"的景观概念,形成层叠、开合的空间特点,景观设计上注重形态与功能的结合,最大限度地利用高差起伏,创造不断洄游的趣味停留场所,营造了多层次、立体、富有魅力的台地花园。

3)布局结构

项目整体布局沿嘉陵江江面展开,平行于嘉陵江划分为若干台层。板式小高层平行于江面曲线状展开,在其间设置点式高层(图5.102)。

景观序列:以入口处的岩石景观和观景电梯为起点,沿平行于嘉陵江方向可划分为三条序列。第一条为居住区最南面的东西向滨江散步道,标高为216.00 m;第二条为居住区内各个相互串接的组团绿地,标高为222.00~250.00 m;第三条为居住区最北面的道路及活动场地,标高约为260.00 m。三条序列之间由丰富多样的台阶、步道、栈道等相连,景观与台地结合紧密,观景平台、运动场地、广场、休憩点等场所各司其职,各自独立但又被流畅有机地联系起来,较好地满足了居民生活起居的功能要求,同时也适应了地形、功能的要求,打通环游流线,充分利用场地的自然地形形成有趣的停留场所(图5.103)。

图5.102　总平面图

图5.103　景观序列

4)小区环境景观设计重点

(1)入口及商业区景观设计

居住小区有一个人行主入口,位于北滨一路住区的西侧。入口空间主要为商业建筑和岩石崖壁所限定,由小区标识、景观台阶、残疾人坡道、花池和景观电梯等要素组成,并从原始的重庆记忆中提取元素,对场地原有的岩石原貌进行利用和改造形成主景,以彰显小区环境景观的特色。大台阶形成引导,无障碍坡道与花台结合,形成富有层次的植物效果,各景观要素共同营造了一个现代、简约、明快的空间环境,体现出愉悦、休闲的生活氛围。商业区(龙湖星悦荟)位于人行主入口东侧,沿北滨一路布置,其中商业区位于底部三层,整个建筑高度约为24 m。一层以休闲性商业为主,其外部环境设置了室外茶座等休闲设施。商业界面开敞易识别,景观最大限度地服务于商业需求,导视鲜明活泼,面积充足的停车空间增加了场地的可达性。商业裙楼的屋顶为一钢结构斜撑的大平台,这不仅体现了重庆传统"吊脚楼"的特征,还为居住小区提供了一条空中的滨江散步道。双层的临江空间创造了大量的积极界面,促进了居民的社会交往,形成了热烈的城市氛围(图5.104)。

图5.104　入口及商业区景观设计

(2)主要公共空间景观设计

居住小区的主要公共空间位于滨江一侧和最北面的两个台层的建筑之间,为若干个相互串接的组团绿地。各组团绿地在形式上虽有不同,但在设计特色和构成上有很大的相似性。组团绿地主要由游步道、水池、亲水平台、花池等景观要素组成,创造了具有现代简约格调的空间感受。滨江特色景观元素在居住小区内被合理借用,在水景形式和功能上作出呼应;步道跨过水面,丰富了步行体验,满足人们的亲水需求;水岸两侧设置休息木平台,满足了休憩观景的需求,同时也成为高层住宅对庭院视线的焦点。软景部分注重精细化处理,乔木、树阵、草坪和灌木简约搭配,重点突出;硬景部分材料尽可能简化种类,注重肌理的变化和尺度拿捏,在高密度高层中采用轻盈处理手法,取得了开敞的效果。在植物设计上主要采用"包裹、占边、让心"的手法,在公共活动空间边界上植物顶界面较多,在建筑所限定的空间秩序下创造了新的绿色空间,削弱了高容积率下建筑的压迫感,同时阻隔了居住区车行道的不良景观;向中心植物的量逐渐减少,营造了疏朗开阔的空间,以水景为中心配以丰富的种植,有开有合,收放自如,为人们提供多处与自然亲密对话的场所,使人们可在交流休憩的同时欣赏多样的景观(图5.105)。

图5.105　主要公共空间景观设计

（3）台地设计及高差处理

居住小区所处的基地由南向北逐渐升起,南侧为 32 m 宽的北滨一路,路面高程 191.8～192.3 m,最北端连接建新东路,标高为 288.0 m,基地内从北到南,面向嘉陵江,处于 70 多米高差的极限地形条件下,形成背山面水之势,近观嘉陵江水,远眺渝中半岛,具有典型的山城特色。高差设计采用混合式、平坡式与台地式相结合的方式,平稳过渡,形成由下至上的山体形态变化。当地面坡度大于 8% 时,采用台地式,将整个场地分为 5 个不同标高的台地,各台地间形成不同高度的边坡,南侧第一阶为最高,约为 23 m,部分岩石直接露出地表,保留环境的场所记忆形成景观特质。主要的组团绿地竖向设计顺应地势逐步退台,一半为路径,形成有节奏的可依附的空间,一半体现出外向性的特征远观江景,弱化了建筑的实体围合感。多级挡土墙低矮而渐变,结合局部放坡形式,以灌木掩映,视觉层次缓和而丰富,并利用底层架空的灰空间布置室外健身设施。此外,对于挡墙还采用分级处理的形式来平衡效果和成本,在入口和一些近人区等重点区域处理较为精细,有结构墙体、种植池和种植墙等形式;而在一些非近人区则弱化处理,比如居住区北侧的车行道一侧,有的直接采用爬山虎进行遮挡(图 5.106)。

图 5.106　台地设计及高差处理

（4）交通系统设计

居住区紧邻的南侧北滨一路和北侧道路为主干道,其中北滨一路设置多个商业区的车行入口和 1 个居住区地下车库入口;另外 2 个车行入口位于北侧道路,东西两端各有 1 个,东西向串接起整个居住区,地下车库人行出口散落于居住区内。人行出入口位于北滨一路,居住区西侧,以观景电梯与住区内相联系;居住区内流线依各个台地形成不同高程上的洄游路线,同时尽可能打通江景的视觉通廊,形成独特的景观廊道,层次丰富。居住区道路系统级别分明,车行道呈环状布置串接整个居住区,为柏油路面,宽度为 6～8 m。人行道路铺装形式多样,此外还有木栈道、橡胶垫、汀步石等形式。其中公共区域的道路铺装较为规则,主要材料为灰色火烧面天然花岗岩和锈黄色火烧面天然花岗岩等,宽度为 1.2～3 m。宅间道路的石梯拓宽踏面,质地较为粗放,体现了入户空间的情境幽然,同时削减了由高差限定带来的场域边界感。此外,居住区中为了形成洄游路线,在一些放坡过陡的地方采用架空的转折木质或钢质楼梯,辅以错落茂密的植被,营造山林栈道的意境。从形态、情态、生态上呈现了审美情趣、心理诉求以及对自然山林归属感的表达(图5.107)。

图5.107　交通系统设计

(5)照明设计

照明灯具的风格与整体环境风格一致,材质上均为钢质与玻璃,色彩上以灰色和白色为主,现代、简约格调。车行道设有单侧路灯,为圆柱状;人行步道路灯为方柱状;入户小道的灯具和人行步道的外形一致,尺度变小(图5.108)。

图5.108　照明设计

(6)植物配置

植物整体风格现代、疏朗。公共区域的植物种植密度由边界向内逐渐降低,使活动场地开阔,植物空间层次丰富,弱化了建筑的压迫感;种类上主要有银杏、天竺桂、香樟、桢楠、红继木、肾蕨等。道路上行道树多为高大的乔木,如香樟,形成连续的绿色顶界面,创造了开阔的绿色空间(图5.109)。

图5.109　植物配置

实例3　重庆渝北·北大资源(悦来C区)

1)项目概况

重庆渝北·北大资源(悦来C区)位于悦来会展新城两江新区核心区,总用地约12.3 hm²,东接中央公园,西接悦来古镇。基地处于一山岭之上,与东侧道路有10~15 m的高差,C区内部呈西高东低、南高北低之势。该项目由别墅、洋房和高层组成(图5.110)。

图5.110　区位及建筑风格

2）主题定位

项目主题定位是"山水格局的演绎"，即从大自然的山、水中找到与景观设计相契合的地方，将山水的格局演绎到设计中。因此，运用江水流线型的肌理，以建筑为山，景观空间为水，融合海绵城市建设的具体措施，形成了"山水交融、绿色生态"的现代居住社区。

3）布局结构

依托地形与交通优势展开整体布局，西侧利用城市主干道悦城路布置了商业街以及2个主入口，项目北面的高层与南面的花园洋房形成了2个不同的组团（图5.111）。

1. 商业街
2. 高层出入口
3. 洋房出入口
4. 消防车道
5. 林下空间
6. 中庭广场
7. 下沉式绿地
8. 消防回车场
9. 羽毛球场地
10. 篮球场地
11. 儿童活动场地
12. 老年健身场地
13. 宠物中心
14. 幼儿园
15. 流水栈桥
16. 环形健身步道

图5.111　总平面图

景观序列：住区内依托建筑布局及地形条件展开了两条纵横交错的景观带，形成了不同的景观序列。横向的景观带以高层入口为起点，沿高层的中心绿地布置了中庭广场、活动场地及下沉绿地等，在满足景观需求的同时提供了公共活动空间。纵向的景观带利用建筑组群之间的空地设计了中庭广场、流水栈桥等，将两个不同的组团连接成一个整体。

4）小区环境景观设计重点

（1）居住小区入口景观设计

小区共有2个入口，分别位于北面高层组团和南面洋房组团。入口在满足人行与消防车通行的前提下，通过岗亭、标识牌、花池等要素，搭配色叶植物及阵列乔木，形成了简洁、大气且具有引导性的小区入口形象（图5.112）。

1. 入口岗亭
2. 水景
3. 商业街
4. 入口景观大道
5. 生物滞留带
6. 入口庭院
7. 洋房入口

高层入口透视图　　　　　　高层入口景观大道透视图

图 5.112　入口景观设计

（2）居住小区主要景观节点设计

①中心景观：位于北侧高层组团,利用建筑围合的空间,通过景观廊架、儿童场地、开敞草坪和符合生态要求的下沉式绿地营造了一个舒适宜人的休憩庭院(图 5.113)。

1. 旱溪景观　　7. 儿童沙地
2. 休憩廊架　　8. 童趣天地
3. 阳光草坪　　9. 环形跑道
4. 攀爬小丘
5. 趣味秋千
6. 跳房子

图 5.113　中心景观

②林下活动场地:依托地形条件塑造树林,围合形成了林下的安静区域,为邻里聚会闲谈提供了场所(图5.114)。

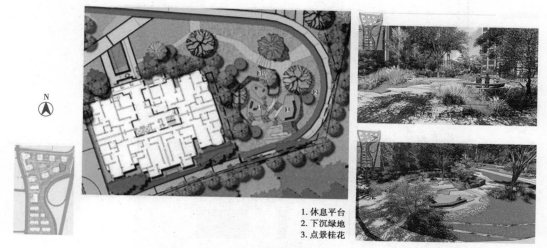

1. 休息平台
2. 下沉绿地
3. 点景桂花

图5.114　林下活动场地

③健身场地:将羽毛球场与老年健身场地进行一体化设计;通过地形的起伏变化,提升场地功能的多样性(图5.115)。

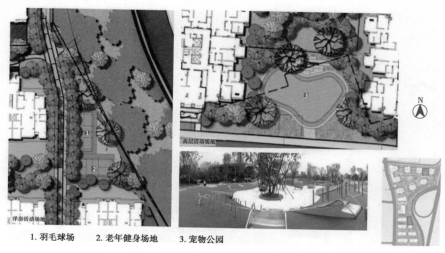

1. 羽毛球场　　2. 老年健身场地　　3. 宠物公园

图5.115　健身场地

④雨水花园:位于洋房区的宅间。带状的雨水花园中丰富的湿地植物充分提高了小区内的生态效应。沿雨水花园布置的栈桥、叠石等景观起到点景作用(图5.116)。

(3)居住小区交通系统设计

住区三面紧邻道路,其中西侧悦城路上设置了2个人行及消防车出入口。住区内以人行交通道路为主,主要人行道路串联了高层与洋房的景观节点,并在南侧洋房组团形成消防回路。住区内还利用防护绿地增设漫步道,最大限度利用景观资源,丰富住区的步行系统,增强回家流线的景观体验(图5.117)。

1. 景观花园
2. 休憩石阶
3. 流水栈桥

洋房宅间雨水花园

洋房宅间雨水花园透视图

图 5.116　雨水花园

---► 城市车行流线
----► 商业流线
►◄--► 社区主要人行流线/消防车行流线
---► 社区次要人行流线
----► 社区游园人行流线

图 5.117　交通系统

　　住区内交通流线的铺装设计整体简洁、别致。入口及节点的铺装材料选用荔枝面锈石黄，消防道用透水铺装，入户区域选用荔枝面锈石黄、水晶黑和天山红搭配(图 5.118)。

　　(4)居住小区照明设计

　　①功能照明:住区内的功能性照明主要为道路、入口及运动场地照明,在道路上选用庭院灯及草坪灯,在车库入口处选用嵌墙灯,在运动场地选用球场灯。

　　②景观照明:住区内景观照明主要为水景照明及景观大树照明。选用泛光灯、水下灯及灯带营造明亮愉悦、富于变化的夜间环境。

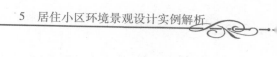

入口及节点铺装

荔枝面锈石黄
尺寸：300 mm × 300 mm

入户铺装

荔枝面锈石黄
荔枝面水晶黑
荔枝面天山红
尺寸：300 mm × 300 mm，
600 mm × 300 mm，
200 mm × 200 mm

消防道铺装

透水铺装
荔枝面芝麻黑
尺寸：200 mm × 200 mm

商业铺装

荔枝面水晶黑
荔枝面锈石黄
荔枝面锈石黄
自然面锈石黄
尺寸：600 mm × 300 mm

图 5.118 交通流线铺装设计

点景、骨架乔木布置

骨架乔木
点景大树

骨架乔木
骨架乔木软化建筑立面，点缀于建筑转角、宅间、支撑空间，同时使天际线流畅、起伏。树型要求挺拔、匀称、冠幅饱满。

丛生朴树 黄连木

植物设计

点景大树
点景大树主要点缀于节点和场所空间，作为对景和营造林下空间，树型要求冠幅舒展、型态优美。

黄葛树 茶条槭

入口区域——简
高大乔木阵列，花灌木打底，营造简洁大气的入口形象，打造极具现代感的植物景观
品种选择：丛生朴树、丛生茶条槭

入户、巷道、节点——精
利用组团形式将植物与建筑紧密结合，使建筑掩映在植物群落中，同时保证私密性和观赏效果
乔木：丛生元宝枫
群落：黄连木、杨梅、香泡、天竺桂、广玉兰+花乔

洋房轴线——收
轴线两侧采用落叶乔木与常绿乔木间隔阵列布局，弱化建筑立面的同时又能增强空间引导性
品种选择
行道树：法桐、朴树+天竺桂

植物分区设计

中庭——放
背景林+高大乔木点景，草坪打底，形成空间开敞、视线通透的中庭植物景观
品种选择
点景乔木：黄葛树、黄连木
行道树：法桐/朴树+香樟
群落：榔榆、栾树、大竺桂、香泡、广玉兰、杨梅+花乔

场所——香
利用植物组团或树阵围合空间，保证院落隐私及不受干扰。场地中点缀点景大树，供遮阴及支撑空间所用，选用香花植物吸引游人观赏停留
品种选择
点景乔木：黄葛树、黄连木
群落：榔榆、栾树、天竺桂、香泡、广玉兰、杨梅+花乔

边界——绿
乔木阵列布局呼应景观线条，节点组团造景，自然与规整结合，打造具有现代感和生态性的绿化屏障
品种选择
行道树：法桐+天竺桂
群落:榔榆、栾树、天竺桂、香泡、广玉兰、杨梅+花乔

图 5.119 植物设计

（5）居住小区植物配置

住区内依据不同的空间布局，将植物设计分为点景、树阵、群落。同时结合植物的体量、形态、季相、花期搭配，突出设计重点、体现丰富变化，营造了现代、简洁、大气、生态的植物景观（图 5.119）。

①入口区域——简：入口区域用高大乔木阵列，花灌木打底，营造简洁大气的入口形象，品

种选择为丛生朴树、丛生茶条槭等(图5.120)。

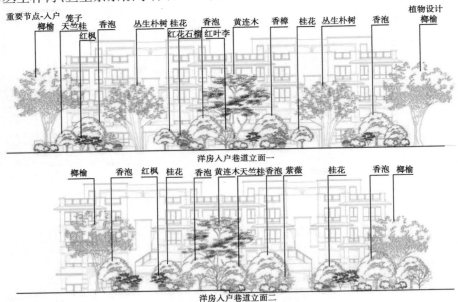

图5.120 入口区域植物设计

②入户、巷道、节点——精:在巷道节点等空间利用组团形式将植物与建筑紧密结合,使建筑掩映在植物群落中,同时保证私密性和观赏效果。此区域的点景乔木主要是丛生元宝枫,底层群落的植物品种主要为黄连木、杨梅、香泡、天竺桂、广玉兰(图5.121)。

图5.121 入户、巷道植物设计

③洋房轴线——收:轴线两侧采用落叶乔木与常绿乔木间隔阵列布局,弱化建筑立面的同时又能增强空间引导性,此区域的植物品种为法桐、朴树和天竺桂。

④中庭——放:中庭空间以草坪为基础,用背景林及高大乔木点景,形成空间开敞、视线通

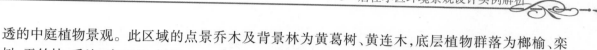

透的中庭植物景观。此区域的点景乔木及背景林为黄葛树、黄连木，底层植物群落为榔榆、栾树、天竺桂、香泡、广玉兰、杨梅。

⑤院落——香：利用植物组团或树阵围合形成庭院空间，保证院落的私密性。场地中点缀大树，起到遮阴及支撑空间的作用，庭院中选用香花植物以及黄葛树、黄连木等点景乔木。

⑥边界——绿：在边界用乔木阵列布局呼应空间，节点用植物组团造景，自然与规整结合，营造了具有现代感和生态性的绿化屏障。边界处多选用天竺桂、栾树等品种。

实例4　南京中惠·紫气云谷

1）项目概况

中惠·紫气云谷位于南京市江宁区将军山风景区内，紧邻建设中的大型高档社区翠屏国际城，用地位于将军北路西侧、翠屏国际城的西北角，紧邻韩府路。总用地面积约为 8.6 hm²，总建筑面积约为 147 000 m²。项目由高层住宅、花园洋房共同组成。

2）主题定位

该项目景观设计的定位为营造"简约现代"及"生态自然"的人居环境。住区以简约现代的景观设计手法构建基本框架，顺应了创新时代景观的发展趋势。同时，住区的规划设计以环保为宗旨，采用生态设计手法，在充分利用自然资源的基础上，通过使用自然式的种植和材料营造绿色的人性化生活空间。

3）布局结构

小区布局围绕着宽阔的湖面水体展开，湖面南侧为高层住宅，北侧为花园洋房，高层及花园洋房的住户均能享受到开阔的湖面景观。湖面中心由会所将两侧组团联系起来（图5.122）。

景观序列：住区以东侧主入口为起点，沿湖设计了两条横向景观带，纵向以湖心会所为中心的景观轴连接了南北两侧。其中横向景观带分别位于洋房及高层区域，洋房区域的景观带将庭院空间、广场等串联起来，提供了住区内主要的滨水公共活动空间，高层区域的景观绿轴则以宅前绿地、组团绿地等形式渗入穿透到各个建筑之中。

4）小区环境景观设计重点

（1）居住小区入口景观设计

主入口设计采用素雅的色彩，景墙、岗亭、围墙和空旷舒坦的草坪，共同营造了一个富有现代气息的开敞空间和相对私密、独立的入口，给人以愉悦、轻松的景观感受，营造了休闲的生活氛围（图5.123）。

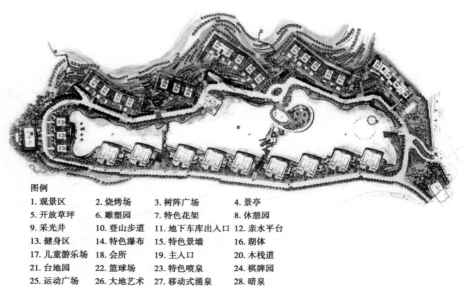

图例
1. 观景区	2. 烧烤场	3. 树阵广场	4. 景亭
5. 开放草坪	6. 雕塑园	7. 特色花架	8. 休憩园
9. 采光井	10. 登山步道	11. 地下车库出入口	12. 亲水平台
13. 健身区	14. 特色瀑布	15. 特色景墙	16. 湖体
17. 儿童游乐场	18. 会所	19. 主入口	20. 木栈道
21. 台地园	22. 篮球场	23. 特色喷泉	24. 棋牌园
25. 运动广场	26. 大地艺术	27. 移动式涌泉	28. 暗泉

图 5.122　紫气云谷总平面图

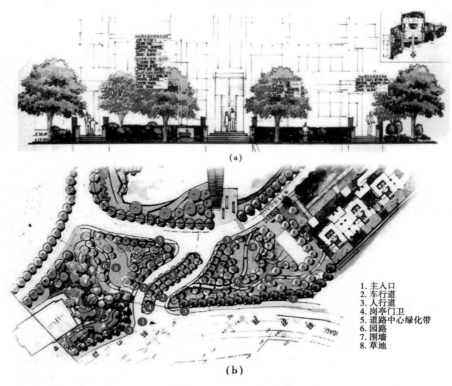

(a)

1. 主入口
2. 车行道
3. 人行道
4. 岗亭门卫
5. 道路中心绿化带
6. 园路
7. 围墙
8. 草地

(b)

图 5.123　入口景观设计

(2)居住小区主要景观节点设计

①湖景:住区以湖为中心,配以富有特色的植物种植,并根据视野所需恰到好处地设置景区入口,做到有开有合,收放自如,为人们提供多处与自然亲密对话的场所。这些场所散落于地形之间,高低错落、变化有序,人们可在交流休憩的同时欣赏各式美景。湖面设计三级跌水,层次

分明,形式各样,宛如天成。跌水设计完全遵循生态自然的理念,水源经过净化处理,并且可以被储存和循环利用(图5.124)。

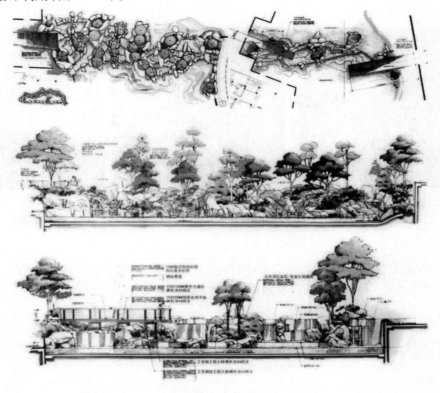

图5.124 湖景设计

②小溪:形若玉带的天然水溪于住区中蜿蜒穿梭,沿溪布置有庭园、景亭、平台等景观,打造出一个惬意舒适的住区环境。

(3)居住小区交通系统设计

住区三面环山,东侧接城市道路,在这条路上设有2个车行出入口,住区内车行道沿湖呈环状布置,人行道依托车行环线布置,连接洋房及高层,地下车库出入口位于各组团中,方便居民出行。

(4)居住小区植物配置

住区的植物配置以湖景及山景为依托,整体风格自然、野趣。在湖边、溪边配以蕨类等湿地植物,形成天然景观岸线。宅间绿地以阵列及组团的栽植形式划分空间,营造了多样化的绿色空间。在主要景观节点上配以色叶植物及花乔点景,使得季相变化丰富,景观效果好。

实例5 重庆约克郡·南郡四期

1)项目概况

约克郡项目位于重庆北部新区及两江新区核心地带,毗邻金州大道与金山大道,背靠照母山森林公园,面临重光水库。项目占地 38.6 hm²,其中南郡四期总建筑面积 78 000 m²。项目由别墅、花园洋房、高层 3 个组团和 1 个商业中心构成。项目采用古典主义的建筑风格,建筑外观简洁、色彩明快(图 5.125)。

图 5.125 约克郡南郡区位及建筑风格

2)主题定位

南郡四期项目以"悦"为主题,景观设计营造活力、典雅、精致的花园住区,在设计中利用三大主题性景观节点分别从梦幻、新奇和浪漫的切入点对"悦"的主题进行诠释。

3)布局结构

项目整体呈半封闭式布局,东、南、西三面由高层围合,北侧及中心为洋房(图 5.126)。

1. 主入口
2. 丛林溪涧
3. 水上迷宫
4. 景观步道
5. 模纹花园
6. 爱慕花园
7. 时光花园
8. 休憩空间
9. 奇幻世界
10. 香草花园
11. 感官花园
12. 洋房入口
13. 高层入口
14. 建筑连廊
15. 地库入口
16. 商业街
17. 幼儿园
18. 城市道路

图 5.126 约克郡南郡总平面图

景观序列:住区的景观围绕建筑布局展开,设计了以人工景观为主的动态空间以及以自然景观为主的静态空间。在北侧的洋房区域,建筑组群间形成组团绿地,组团绿地与宅间绿地串联,形成舒悠雅致的自然景观序列;南侧的高层与洋房间多用人工水景、活动场地过渡空间,形成了浪漫精致的人工景观序列(图 5.127)。

图 5.127　约克郡南郡景观序列

4)小区环境景观设计重点

(1)居住小区入口景观设计

入口两侧的景观以模纹花园的形式出现,配合建筑的对称式布局,在广场中心设置"梦幻天鹅"雕塑,作为一段景观序列的起始,并通过其后的水景、拱门将空间延伸,水景处三段折桥将 20 多米的空间距离夸大,突出空间的进深感和趣味性,利用强烈的视觉冲击力强调空间的建筑感和仪式感,表现出整个主入口空间的庄重与奢华。而远处三个精致花架定义出这段景观序列到达的终点,同时也是面对下一处景观节点"水上迷宫"最佳观赏位置(图 5.128)。

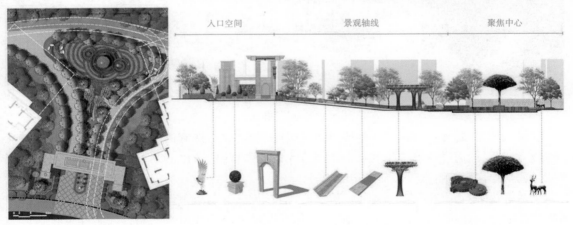

图 5.128　入口景观设计

(2)居住小区主要景观节点设计

①奇幻世界:奇幻世界是社区内集中的儿童活动区域,利用蜿蜒河谷、攀爬矮墙、中央山脉和平原迷墙等设施模拟出一个虚构世界的山川河谷大地景观,在活动场地周围采用色叶植栽,提高儿童对空间尺度、色彩的感知(图 5.129)。

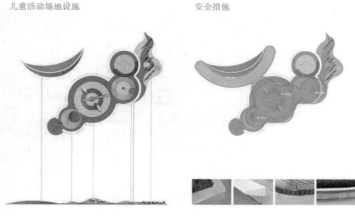

儿童活动场地设施   安全措施

图 5.129　儿童活动区域设计

与儿童活动场地相对的另一侧的林下休憩区域,为看护孩子的家长提供了相对私密、安静的休息空间和交流场所,而彩色马赛克动物雕塑也将空间氛围点缀得更加活泼。

②爱慕花园:爱慕花园是以浪漫为主题的社区集中休憩及交往的活动场所,通过空间上的划分和围合,创造出一系列具有私密性的小尺度空间,利用景观元素烘托场所的亲密氛围(图5.130)。

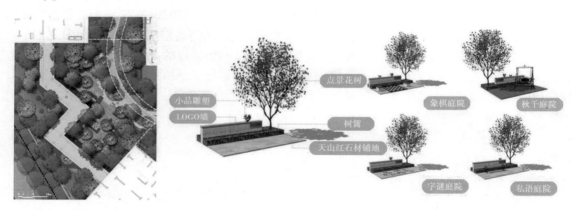

图 5.130　爱慕花园设计

③时光花园:时光花园位于高层区与洋房区的交接区域,螺旋的地形与步道象征着轮回的时间线,景观设计通过地形变化的组织和细节元素的强调,营造出安静、恬逸的慢节奏空间,形成高层区与洋房区的自然过渡(图 5.131)。

④感官花园:感官花园以丰富的自然材质、色彩与气味刺激人们的感官。通过弧线石材矮墙将花园划分为宜静、宜动的两个休憩空间:林下座椅区以象征山水的条带铺装和置石景观为特色;阳光草坡上放置奔跑的兔子主题雕塑,为活动空间创造生动气氛(图 5.132)。

⑤香草花园:香草花园是连接到商业地块的次要人行出入口,是一个主要集散空间,通过地形延伸营造出通畅的步行道与蜿蜒的花园两个不同感受的空间,并利用麦穗灯、雕塑等景观元素增加景观互动性(图 5.133)。

图 5.131　时光花园设计

图 5.132　感官花园设计

图 5.133　香草花园设计

⑥模纹花园:模纹花园是从社区景观中轴向两侧延伸的过渡区域,通过传统英式园林的设计手法来塑造节点空间,强调景观的观赏性与人的参与性(图 5.134)。

(3)居住小区交通系统设计

南郡四期的交通系统分为两个层次,即环形主干道和景观园路。环形主干道作为消防车道,位于高层组团与花园洋房之间。景观园路以环形主干道为依托,主要满足各个组团内的居民便捷、顺畅出行(图 5.135)。

图 5.134　模纹花园设计

景观步道
消防车道
城市道路

图 5.135　约克郡南郡交通系统

交通流线的铺装设计形式多样且具有引导性,住区入口处利用拼花图案表现仪式感,高层区运用亲切、温和的黄色系园路铺装,而洋房区的红色系园路体现了花园洋房的风情感(图 5.136)。

(4)居住小区照明设计

①水景照明:用点状光源修饰水景的下沉空间,强调雕塑与特色方柱的出水面,以突显景观元素。

②门架照明:用灯光着重打亮门架子的顶部与底部,突出建筑的边缘与凹凸、延伸之处,增强了整个建筑的挺拔感和立体感。

③广场照明:用射灯照明强化广场空间的边缘,并形成有序的仪式感,较低的照明高度可以将夜晚广场空间的重心降低。

(5)居住小区植物配置

南郡四期的植物配置由观赏树、点景树、骨架树及背景树以及灌木草本地被构成。背景树主要为桂花、含笑等,骨架树主要为黄葛树、银杏等,观赏树主要为红枫、紫薇等,点景树选用三角枫、蓝花楹等树种(图 5.137)。

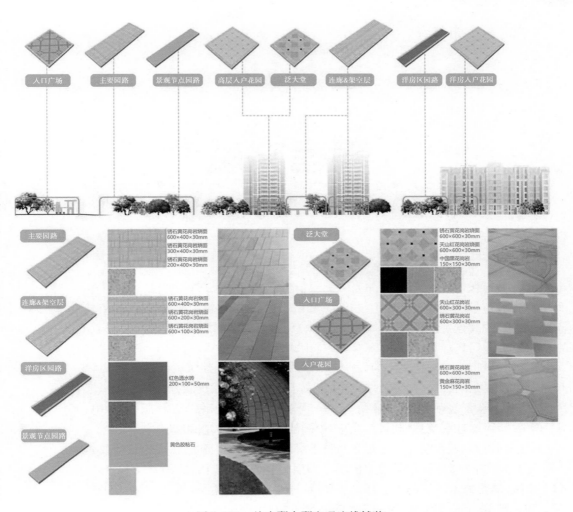

图 5.136　约克郡南郡交通流线铺装

图 5.137　植物配置

参考文献

[1] 周俭.城市住宅区规划原理[M].上海:同济大学出版社,1999.

[2] 许浩.城市景观规划设计理论与技法[M].北京:中国建筑工业出版社,2006.

[3] 刘滨谊.现代景观规划设计[M].2版.南京:东南大学出版社,2005.

[4] 吴良镛.人居环境科学导论[M].北京:中国建筑工业出版社,2001.

[5] 李铮生.城市园林绿地规划与设计[M].2版.北京:中国建筑工业出版社,2006.

[6] 王晓俊.风景园林设计[M].增订本.南京:江苏科学技术出版社,2000.

[7] 谷康,涂英,李晓颖.园林设计初步[M].修订本.南京:东南大学出版社,2010.

[8] 李敏.城市绿地系统规划[M].北京:中国建筑工业出版社,2008.

[9] 刘骏,蒲蔚然.城市绿地系统规划与设计[M].北京:中国建筑工业出版社,2004.

[10] 王祥荣.国外城市绿地景观评析[M].南京:东南大学出版社,2003.

[11] 李敏.城市绿地系统与人居环境规划[M].北京:中国建筑工业出版社,1999.

[12] 扬·盖尔.交往与空间[M].何人可,译.北京:中国建筑工业出版社,1992.

[13] 凯文·林奇.城市意象[M].2版.方益萍,何晓军,译.北京:华夏出版社,2017.

[14] 赵肖丹.居住区环境设计[M].北京:中国建筑工业出版社,2018.

[15] 马建武.园林绿地规划[M].2版.北京:中国建筑工业出版社,2021.

[16] 李敏.城市绿地系统与人居环境规划[M].北京:中国建筑工业出版社,1999.

[17] 北京筑语图书工作室.中国景观设计年刊.2008.Ⅱ[M].武汉:华中科技大学出版社,2008.

[18] 胡长龙.园林规划设计-理论篇[M].3版.北京:中国农业出版社,2010.

[19] 俞孔坚.景观:文化,生态与感知[M].北京:科学出版社,2008.

[20] 王向荣,林箐.西方现代景观设计的理论与实践[M].北京:中国建筑工业出版社,2002.

[21] 胡正凡,林玉莲.环境心理学:环境——行为研究及其设计应用[M].4版.北京:中国建筑工业出版社,2018.

[22] 格兰特·W.里特.园林景观设计——从概念到形式:原书第二版[M].原著第二版.陈建业,译.北京:中国建筑工业出版社,2010.

[23] 中科华盛文化发展中心,等.绿色住区:最新居住区景观设计[M].武汉:华中科技大学出版社,2010.

[24] 胡延利.居住区景观规划设计宝典[M].武汉:华中科技大学出版社,2008.

[25] 苏晓毅.居住区景观设计[M].北京:中国建筑工业出版社,2010.

[26] 李映彤.居住区景观设计[M].北京:清华大学出版社,2011.

[27] J.皮亚杰.儿童心理学[M].吴福元,译.北京:商务印书馆,1980.

[28] 克莱尔·库柏,马库斯·卡罗琳,弗朗西斯.人性场所——城市开放空间设计导则[M].俞孔坚,等译.北京:中国建筑工业出版社,2001.

[29] 王江萍,姚时章.城市居住外环境设计[M].重庆:重庆大学出版社,2000.

[30] 王凯珍,赵立.社区体育[M].北京:高等教育出版社,2004.

[31] 金涛,杨永胜.居住区环境景观设计与营建[M].北京:中国城市出版社,2003.

[32] 吴为廉.景观与景园建筑工程规划设计:下册[M].北京:中国建筑工业出版社,2005.

[33] 洪得娟.景观建筑[M].上海:同济大学出版社,1999.

[34] 马丽.环境照明设计[M].上海:上海人民美术出版社,2008.

[35] 屈雅琴,张建林,杨慧.浅谈社区公园中的儿童活动场地设计[J].山西建筑,2007,33(10):358-359.

[36] 刘艳梅.论居住区规划的概念设计[J].建筑科学,2009,25(4):51-53.

[37] 葛岚.浅析城市居住区规划[J].安徽建筑,2008,15(4):37-38.

[38] 李旭光.对《城市居住区规划设计规范》若干问题的思考[J].规划师,2005,21(8):52-54.

[39] 刘骏,蒲蔚然."居住小区环境设计"教学重点浅析[J].中国园林,2004,20(5):19-20.

[40] 刘骏.理性与感性的交织:景观设计教学中的理性分析与感性认知[J].中国园林,2009,25(11):48-51.

[41] 李宏,梁献超.居住小区主入口空间的景观设计[J].四川建筑科学研究,2009,35(6):269-270.

[42] 苏勇.从门的本体含义谈大门的设计[J].建筑学报,2004(12):33-35.

[43] 徐雷蕾,章俊华.城市居住小区中户外游戏场地设计浅析:以沈阳市浑南新区"河畔新城"小区为例[J].中国园林,2005,21(9):33-37.

[44] 董娟.营造新住区环境中的儿童交往空间[J].华中建筑,2008,26(7):103-105.

[45] 章俊华.幼儿园户外环境绿地[J].中国园林,2004,20(3):45-48.

[46] 毛华松,詹燕.关注城市公共场所中的儿童活动空间[J].中国园林,2005,21(9):14-17.

[47] 朱奇志.城市社区体育的意义、现状及发展思路[J].体育科技,2004,25(2):52-54.

[48] 蒋春,王国良,唐晓岚,等.居住区老年户外活动绿色空间营建[J].江苏林业科技,2009,36(1):40-43.

[49] 建设部住宅产业化促进中心.居住区环境景观设计导则(2006年版)[S].北京:中国建筑工业出版社,2010.

[50] 中华人民共和国住房和城乡建设部.居住绿地设计标准 CJJ/T 294—2019[S].北京:中国建筑工业出版社,2019.

[51] 国家技术监督局,中华人民共和国住房和城乡建设部.城市居住区规划设计规范:GB 50180—2018[S].北京:中国建筑工业出版社,2018.

［52］中华人民共和国住房和城乡建设部.城市绿地分类标准:CJJ/T 85—2017［S］.北京:中国建筑工业出版社,2018.

［53］中华人民共和国住房和城乡建设部.城市道路工程设计规范:CJJ 37—2012(2016 年版)［S］.北京:中国建筑工业出版社,2016.

［54］陈鹭.城市居住区园林环境研究［D］.北京:北京林业大学,2006.

［55］詹燕.城市开放空间中儿童游戏场所规划设计探析［D］.重庆:重庆大学,2005.

［56］陈宏玲.城市广场环境对游人行为心理的影响及其人性化设计探讨［D］.武汉:华中农业大学,2007.

［57］钱海月.基于人文精神的城市居住环境景观研究［D］.南京:东南大学,2008.

［58］陈宏玲.城市广场环境对游人行为心理的影响及其人性化设计探讨［D］.武汉:华中农业大学,2007.

［59］吕康芝.居住小区入口景观设计［D］.南京:南京林业大学,2007.

［60］中华人民共和国自然资源部.社区生活圈规划技术指南:TD/T 1062—2021［S］.北京:地质出版社,2021.